Längen

1 km = 1000 m

Umwandlungszahl 10:
1 m = 10 dm
1 dm = 10 cm
1 cm = 10 mm

1

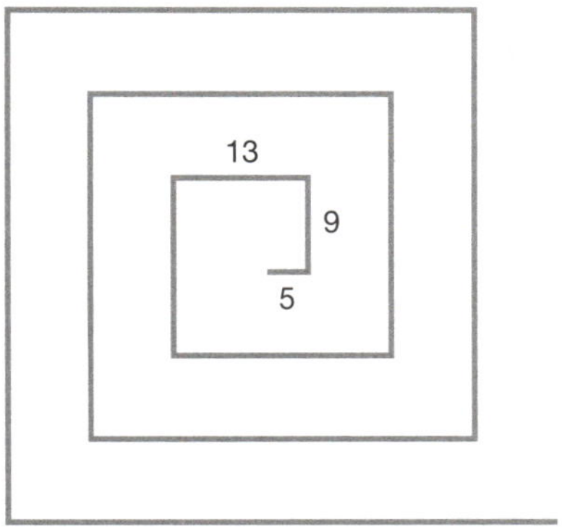

Angaben in mm

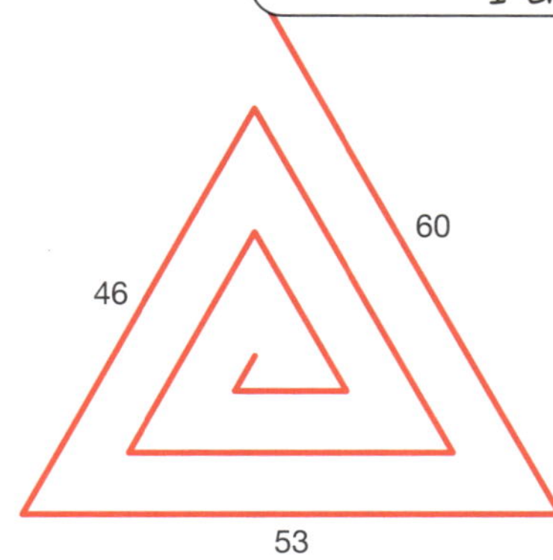

a) Die kleinste Strecke ist 5 mm lang, die nächste Strecke ist jeweils 4 mm länger.
Berechne die längste Strecke.

_________ cm

Gesamtstrecke = _________ dm

b) Die größte Strecke ist 60 mm lang, die vorhergehende Strecke ist jeweils um 7 mm kürzer.
Berechne die kürzeste Strecke.

_________ mm

Gesamtstrecke = _________ dm

2 Wandle in die angegebene Einheit um.

a)

60 mm = _______ cm
465 mm = _______ cm
780 cm = _______ dm
9,43 m = _______ dm
8120 cm = _______ dm

b)

0,453 m = _______ cm
8307 m = _______ km
23,6 km = _______ m
358 m = _______ km
0,704 km = _______ m

c)

0,93 dm = _______ mm
0,26 dm = _______ m
0,742 m = _______ mm
0,084 m = _______ cm
250 mm = _______ dm

3 Schreibe in der größten Einheit untereinander und berechne.

a) 235,007 km + 6047 m b) 8406 cm – 63,040 m c) 587 m – 36 006 mm

4 Lisas Bruder trainiert auf dem Sportplatz für den 3000-m-Lauf. Er läuft dreimal in der Woche 10 Runden zu je 450 m.

a) Wie viel m (km) läuft er in einer Woche? _________ m = _________ km

b) Im letzten Monat konnte er wegen einer Muskelzerrung nur 3 Wochen lang trainieren. Wie viel km betrug seine Monatsleistung? _________ km

Umwandlungszahl 1000

1 t = 1000 kg
1 kg = 1000 g
1 g = 1000 mg

Gewichte

1 Ordne den Tieren ihre Gewichte zu. Zeichne einen Pfeil.

7,5 t | 220 kg | 6 kg | 230 kg | 1200 kg | 85 t | 3500 g

2 Wandle in die angegebene Einheit um.

a)
7000 mg = ______ g
68 000 g = ______ kg
98 000 mg = ______ g
10 670 g = ______ kg
15 t = ______ kg

b)
0,852 kg = ______ g
9007 g = ______ kg
37 t = ______ kg
0,82 g = ______ mg
5392 kg = ______ t

c)
120,93 kg = ______ g
654 000 mg = ______ g
48,2 t = ______ kg
0,01 kg = ______ mg
25 000 mg = ______ kg

3 Fülle die Tabelle aus.

a)	t	kg	g
Sattelschlepper		20 300	
PKW	0,875		
E-Lok			84 000 000
Diesellok	80		

b)	kg	g	mg
Adler			6 500 000
Hirsch	195		
Elch		480 000	
Maus		80	

4

a) 13,5 kg · 204

b) 7,09 g · 876

c) 0,608 t · 374

5

Zeit

1 a) Lara geht zum Mittagessen. Uhrzeit: ________

b) Nach 48 min beendet sie das Mittagessen.
Wie spät ist es nun? ________

c) Um 14.15 Uhr geht sie zum Nachmittagsunterricht.
Wie lange muss sie nach dem Mittagessen noch warten? __________

2 Wandle in die angegebene Einheit um.

a) 3 h = ________ min
7 h = ________ min
600 s = ________ min

b) 5 Tg = ________ h
7 Tg = ________ h
10 Tg = ________ h

c) 350 s = ____ m ____ s
60 h = ____ Tg ____ h
500 min = ____ h ____ min

3 a) 4 h 12 min + 2 h 39 min = ___ h ___ min

b) 6 h 38 min + 4 h 15 min = ___ h ___ min

c) 2 h 29 min + 6 h 46 min = ___ h ___ min

d) 4 h 17 min + 7 h 53 min = ___ h ___ min

e) 12 h 49 min – 8 h 27 min = ___ h ___ min

f) 9 h 14 min – 6 h 32 min = ___ h ___ min

4 Raffael fährt von Köln Hbf bis Hamburg Hbf. In Hannover muss er umsteigen.
Berechne die reinen Fahrzeiten, den Aufenthalt und die gesamte Fahrzeit.

Köln Hbf Ab	Zug	Hannover Hbf An
14:21	IC 941	16:57
Hannover Hbf Ab	**Zug**	**Hamburg Hbf An**
17:16	ICE 576	18:32

5

Abfahrt	6.24 Uhr	22.15 Uhr	7.50 Uhr	14.37 Uhr		
Ankunft	13.11 Uhr	3.08 Uhr			16.27 Uhr	02.05 Uhr
Fahrtdauer			3 h 45 min	2 h 49 min	5 h 38 min	7 h 27 min

6 Frau Behrens fährt mit dem Auto von Bielefeld nach Hamburg. Sie rechnet mit einer Fahrzeit von 2 h 40 min. Für mögliche Fahrtunterbrechungen plant sie zusätzlich 45 min ein.

a) Wann muss sie in Bielefeld starten, damit sie um 14.45 Uhr ihr Ziel erreicht?

____

b) Wie lange ist sie tatsächlich unterwegs gewesen, wenn sie um 14.20 Uhr in Hamburg eintrifft? ____________________

Sachaufgaben

1 a) Berechne die Entfernungen von

(1) Gießen nach Jena ________ km

(2) Köln nach Osnabrück ________ km

(3) Cottbus nach Braunschweig ________ km

(4) Dortmund nach Göttingen ________ km

(5) Osnabrück nach Magdeburg ________ km

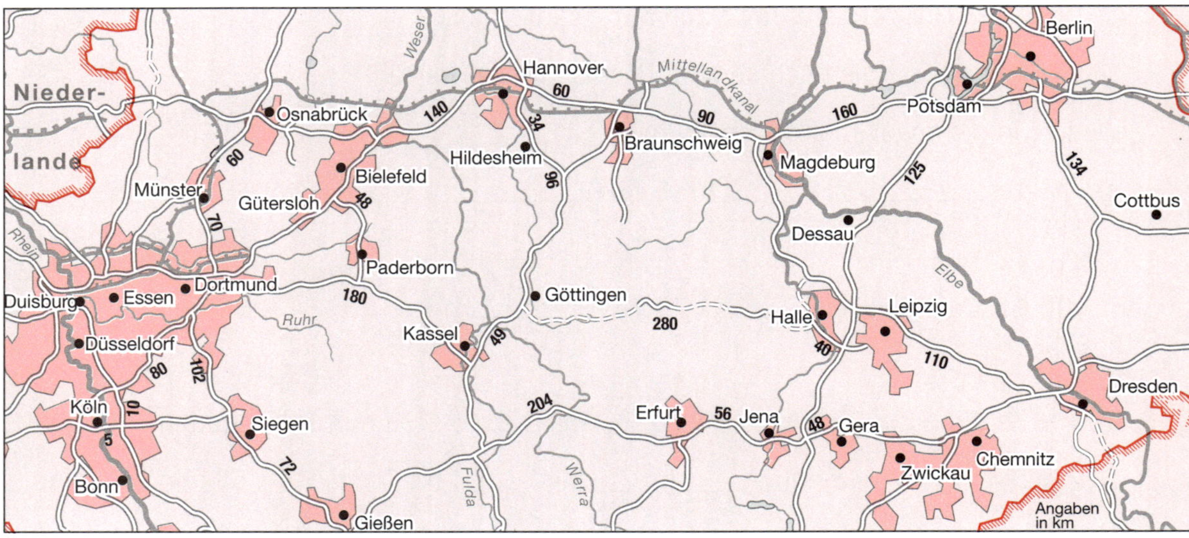

b) Ein PKW fährt in einer Stunde durchschnittlich 80 km weit. Wie lange dauern die Fahrzeiten? Runde auf volle Stunden.

(1) ________ (2) ________ (3) ________ (4) ________ (5) ________

2 Ein LKW transportiert Eisenträger von 8 m Länge. Ein Meter Träger wiegt 32 kg.

a) Wie viel wiegt ein Träger? ________

b) Wie viele Träger kann der Transporter laden, wenn er höchstens 15 Tonnen Nutzlast transportieren darf? ________

3 Für eine Expedition müssen 1,800 t Material transportiert werden. Ein Träger kann höchstens 50 kg tragen.

a) Wie viele Träger müssen für die Expedition angeheuert werden? ________

b) Zur Sicherheit werden 4 Träger mehr eingeplant. Wie viel kg muss dann jeder Träger transportieren? ________

Mach dich fit!

1 Wandle in die angegebene Einheit um.

a) 645 040 kg = ______ t	b) 360 min = ______ h	c) 4603 cm = ______ m
2070 g = ______ kg	480 s = ______ min	7,5 dm = ______ mm
701 000 mg = ______ g	7 h = ______ min	19,4 km = ______ m
62,05 t = ______ kg	5 min = ______ s	0,075 m = ______ mm

2 Wandle in die größte Einheit um und berechne.

a) 7,084 t – 6520 kg + 3 t 69 kg b) 27 809 m – 12 km 8m – 860 m c) 14 h 12 min – 624 min

3 Berechne und gib das Ergebnis in t an.

a) 3 0 2 kg · 5 7 b) 8 0, 6 kg · 4 6 c) 4 0, 9 kg · 8 3

4 a) Frau Seitzer hat im letzten Jahr mit ihrem PKW 12 775 km zurückgelegt. Wie viel km ist sie durchschnittlich an einem Tag gefahren? ______ km

b) Herr Steinmeyer rechnet mit einer durchschnittlichen täglichen Fahrstrecke von 42 km. Wie viel km legt er jährlich mehr zurück als Frau Seitzer? ______ km

5 Bei einem Umlauf um die Erde legt ein Satellit 45 600 km zurück. An einem Tag umkreist er die Erde 19-mal. Wie viel km legt er in folgenden Zeitspannen zurück?

a) täglich ______

b) im Monat Januar ______

Teiler und Vielfache

1 Der Pfeil bedeutet „ist Teiler von …“. Trage alle Pfeile ein.

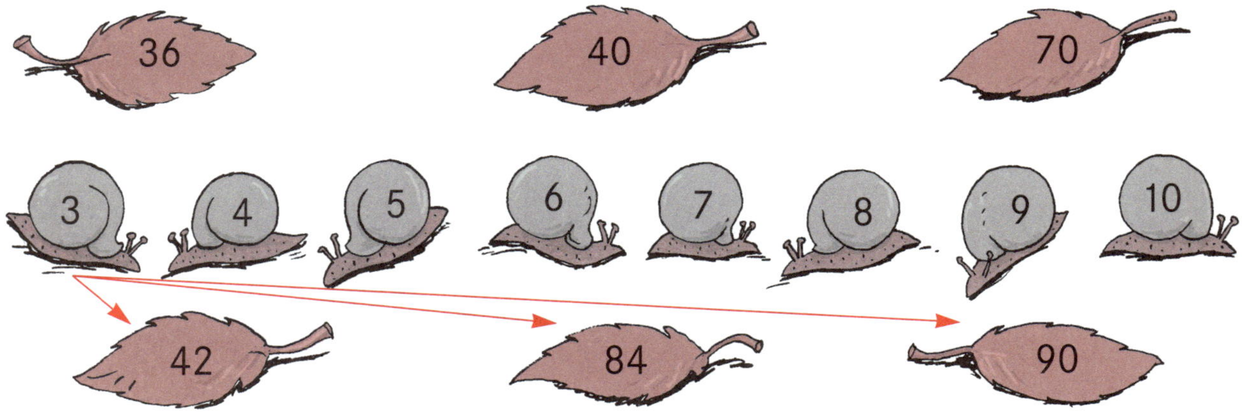

2 Bestimme alle Teiler wie im Beispiel.

18 = 1 · 18
= 2 · 9
= 3 · 6
Alle Teiler:
1, 2, 3, 6, 9, 18

a) 20 = ______
= ______
= ______
Alle Teiler: ______
______

b) 63 = ______
= ______
= ______
Alle Teiler: ______
______

c) 36 = ______
= ______
= ______
= ______
= ______
Alle Teiler: ______
______

d) 100 = ______
= ______
= ______
= ______
= ______
Alle Teiler: ______
______

e) 225 = ______
= ______
= ______
= ______
= ______
Alle Teiler: ______
______

3 Unterstreiche die Zahlen, die Vielfache sind.

a) von 6	16	30	42	50	56	72	82	90	98	102
b) von 7	28	45	54	63	48	21	87	49	77	98
c) von 12	24	48	60	82	96	132	160	170	180	240
d) von 30	50	60	110	120	160	180	240	275	290	360

Teilbarkeit durch 5, 10, 2 und 4

1 a) b)

2 a) Schreibe mit den Ziffern 0, 1, 4, 5 alle vierstelligen Zahlen, die durch 5 teilbar sind.

________ ________ ________ ________

________ ________ ________ ________

________ ________

b) Kreise die Zahlen ein, die durch 10 teilbar sind.

3

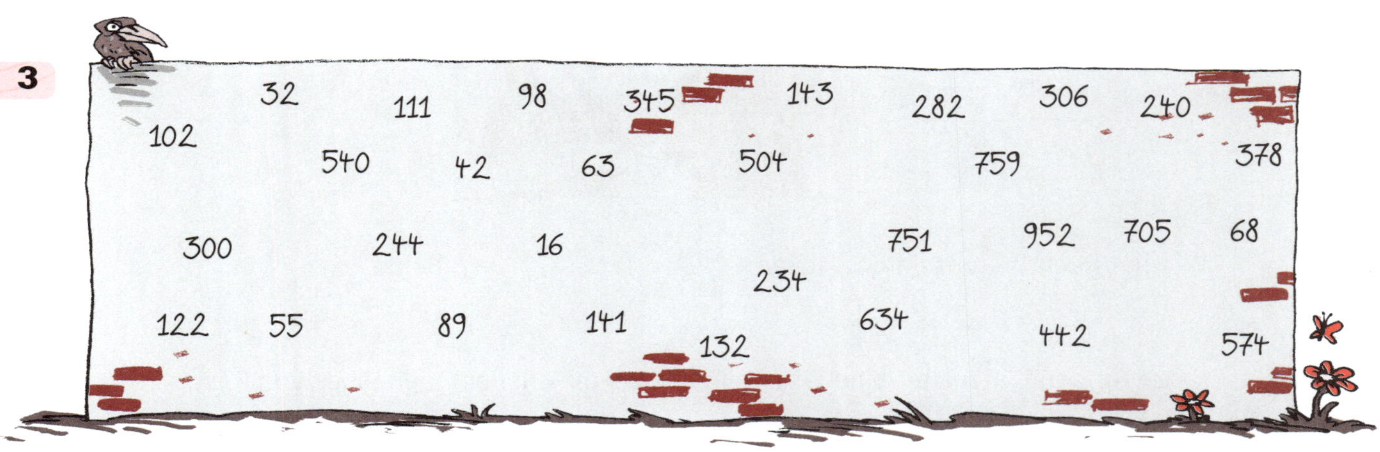

a) Unterstreiche alle Zahlen grün, die Vielfache von 2 sind.
b) Unterstreiche alle Zahlen rot, die Vielfache von 4 sind.
c) Weshalb sind alle Zahlen, die rot unterstrichen sind, auch grün unterstrichen?

Ergänze: Eine Zahl, die Vielfaches von 4 ist, ist auch ______________________

4 a) Welche Ziffern kannst du einsetzen, sodass die fünfstellige Zahl 987▢2 ein Vielfaches von 4 ist?

987▢2 987▢2 987▢2 987▢2 987▢2

b) Welche Ziffern kannst du einsetzen, sodass 4 kein Teiler der fünfstelligen Zahl 3456▢ ist?

3456▢ 3456▢ 3456▢ 3456▢ 3456▢ 3456▢ 3456▢

c) Welche der Zehnerzahlen sind auch durch 4 teilbar? Unterstreiche sie.

30 60 420 650 740 780 810 820 850 860 900 910 940

Teilbarkeit durch 3 und 9

1 a) Bestimme die Quersumme (QS) der Zahlen wie im Beispiel:

374 QS = 3 + 7 + 4 = 14	8073 QS = ___ + ___ + ___ + ___ = _____
736 QS = ___ + ___ + ___ = _____	4788 QS = ___ + ___ + ___ + ___ = _____

b) Welche der Zahlen sind durch 9 teilbar? __________ __________ __________

2 Unterstreiche die Zahlen, die Vielfache von 3 sind.

76 84 96 144 175 189 198 265 276 283

297 362 456 504 872 912 1098 1806 2880 4023

3

Wer hat Recht? Kreuze an. Julian ☐ Jana ☐ Beide ☐

4 Setze für den Platzhalter eine Ziffer ein, sodass die Zahl ein Vielfaches von 9 ist:

53▢2 458▢ 4▢290 ▢7412 3▢1670 136▢2 506▢7

5 Bestimme alle Zahlen zwischen 5200 und 5300, die durch 9 teilbar sind.

520▢ 521▢ 522▢ 522▢ 523▢ 52▢▢ 52▢▢ 52▢▢ 52▢▢ 52▢▢ 52▢▢

6

Gemeinsame Teiler – gemeinsame Vielfache

1 Trage alle Teiler von 48 mit roten Kreuzen und alle Teiler von 40 mit grünen Punkten ein. Bestimme alle gemeinsamen Teiler. Wie heißt der größte gemeinsame Teiler?

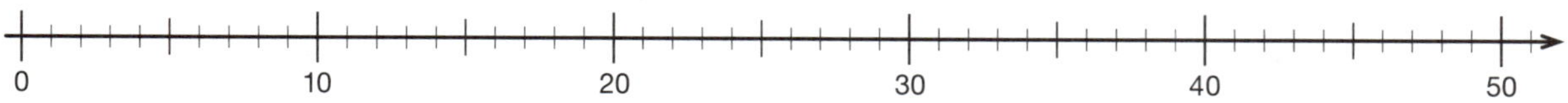

2 a) Bestimme mithilfe der Zahlengeraden alle gemeinsamen Teiler von 80 und 60.
b) Wie heißt der größte gemeinsame Teiler?

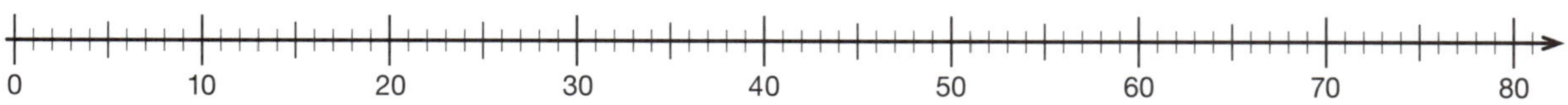

3 Bestimme alle Teiler, die gemeinsamen Teiler und den größten gemeinsamen Teiler.

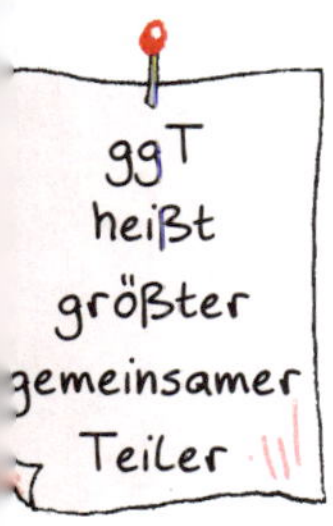

a) Teiler von 30: ______________________

Teiler von 54: ______________________

gemeinsame Teiler: ______________________ ggT = ____

b) Teiler von 240: ______________________

Teiler von 180: ______________________

gemeinsame Teiler: ______________________ ggT = ____

4 Bestimme das kleinste gemeinsame Vielfache von 20 und 24.

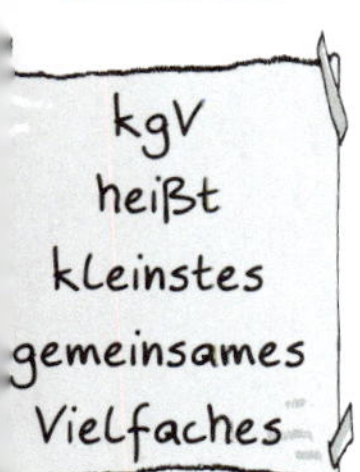

Vielfache von 20, 40, ______________________

Vielfache von 24, ______________________

kgV = ________

5 An der Zentralhaltestelle fahren um 8.00 Uhr die Buslinie 4 und die Buslinie 9 ab. Die Buslinie 4 fährt alle 15 Minuten, die Buslinie 9 alle 20 Minuten.

a) Wann fahren beide Buslinien das nächste Mal wieder gemeinsam an der Zentralhaltestelle ab?

b) Wann fahren sie in der Zeit von 8.00 Uhr bis 18.00 Uhr gemeinsam an der Zentralhaltestelle ab?

____

Abfahrtszeit der Linie 4	Abfahrtszeit der Linie 9
8.00	8.00

MACH DICH FIT!

1 Verbinde , wenn die mittlere Zahl ein Teiler der äußeren Zahl ist.

a) 6 ist Teiler von

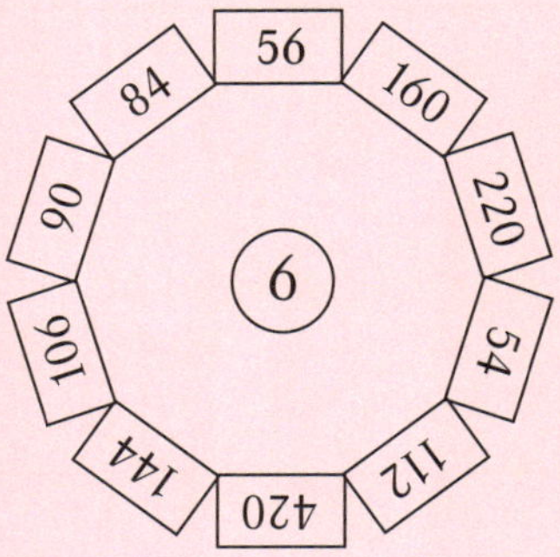

b) 4 ist Teiler von

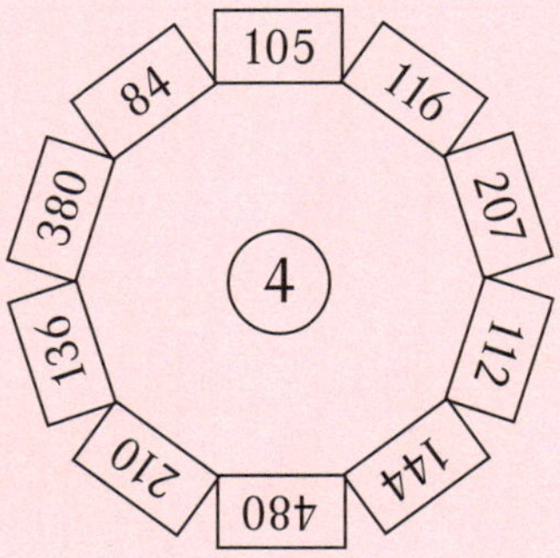

c) 9 ist Teiler von

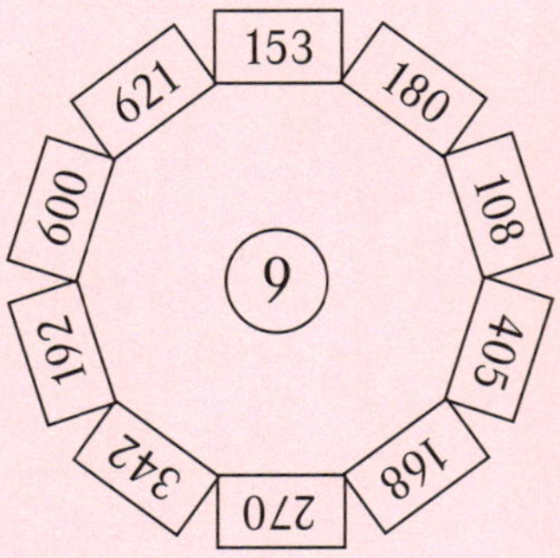

2 Schreibe alle Teiler auf.

a) Teiler von 40

40 =
=
=
=

Teiler:

b) Teiler von 60

60 =
=
=
=
=

Teiler:

c) Teiler von 84

84 =
=
=
=
=
=

Teiler:

3 Trage alle Teiler von 48 mit roten Kreuzen und alle Teiler von 60 mit grünen Punkten ein. Bestimme alle gemeinsamen Teiler. Wie heißt der größte gemeinsame Teiler?

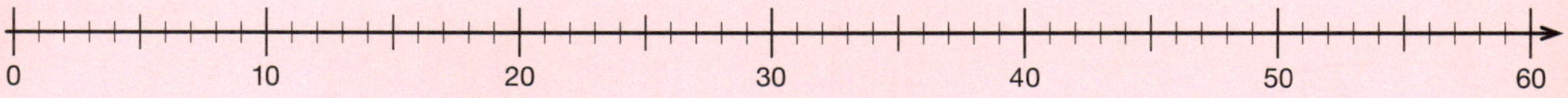

4 Schreibe die ersten 8 Vielfachen der Zahlen auf.

a) Vielfache von 11: ______________

b) Vielfache von 15: ______________

c) Vielfache von 25: ______________

5 Bestimme das kleinste gemeinsame Vielfache der beiden Zahlen.

a) 10 und 25 ________ b) 12 und 16 ________ c) 20 und 35 ________ d) 15 und 25 ________ e) 15 und 18 ________

6 Unterstreiche alle durch 9 teilbaren Zahlen rot, alle durch 4 teilbaren Zahlen grün und alle durch 5 teilbaren Zahlen blau.

115 56 136 108 144 70 153 162 135 68 450 87 360 630 160

240 315 324 308 96 300 168 126 84 76 720 81 145 260 270

Bruchteile herstellen

1 Nach Sabines Geburtstagsfeier ist einiges übrig geblieben.
Gib die Reste als Bruchteile an.

2 Bestimme den roten Bruchteil.

a)
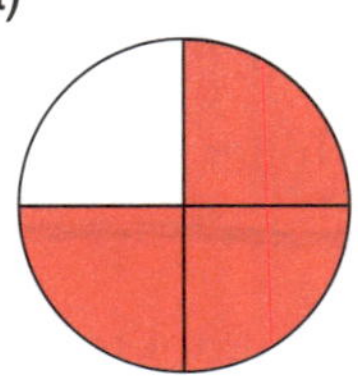

b)
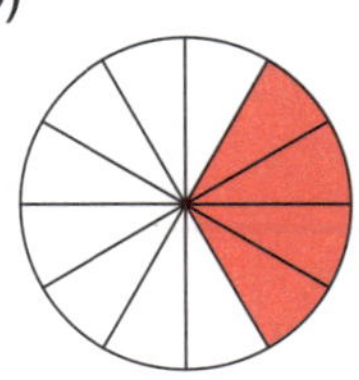

c)
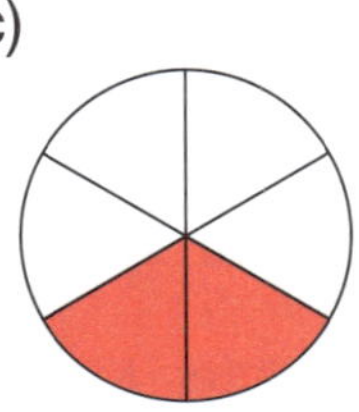

d)
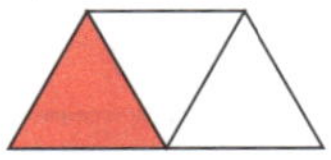

e)
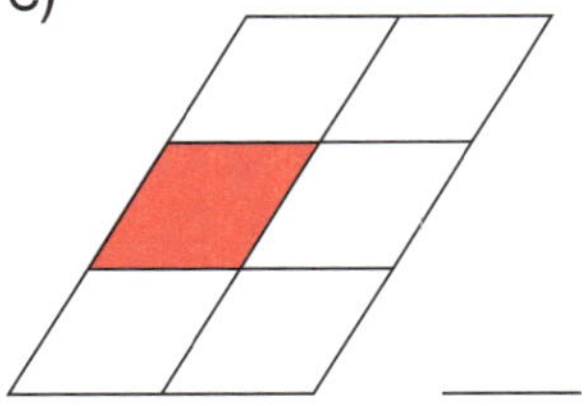

f)
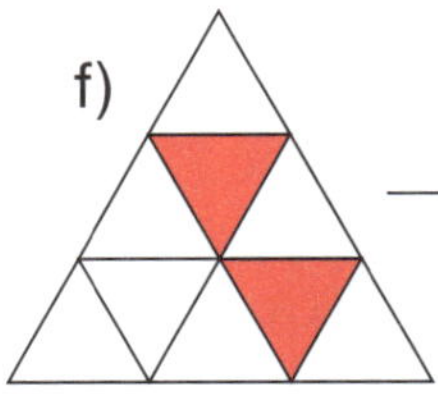

g)
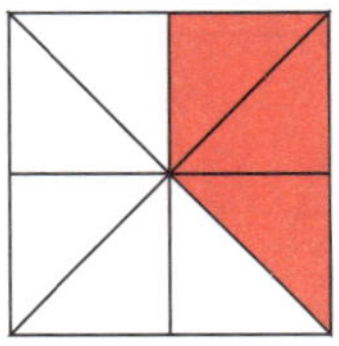

h)
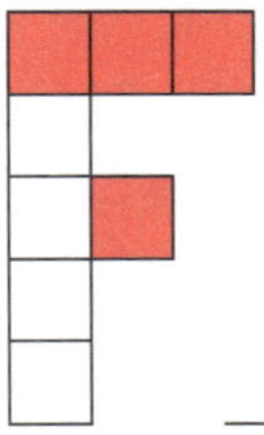

3 Färbe den angegebenen Bruchteil. Welcher Bruchteil ist nicht gefärbt?

a)
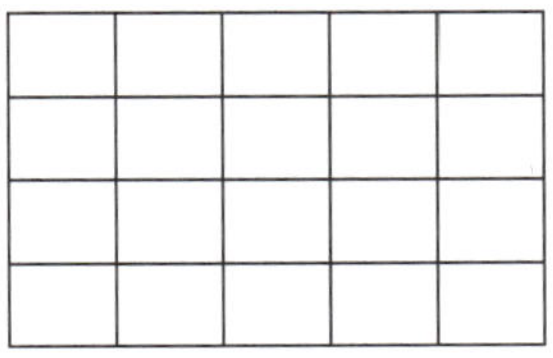
$\frac{1}{5}$

b)
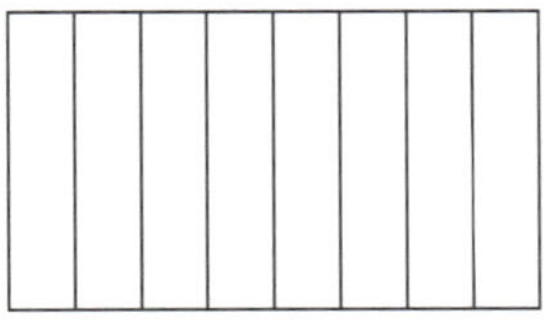
$\frac{3}{4}$

c)
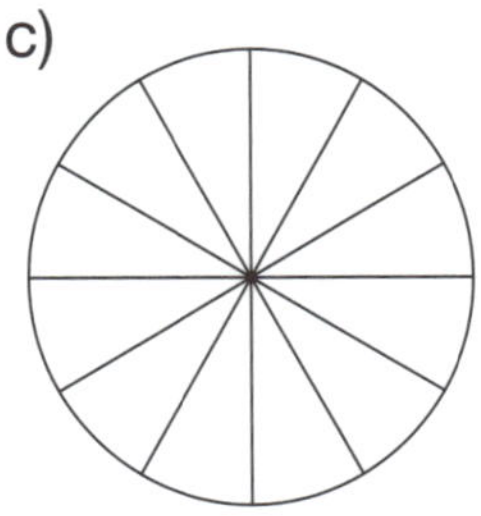
$\frac{7}{12}$

d) $\frac{1}{3}$
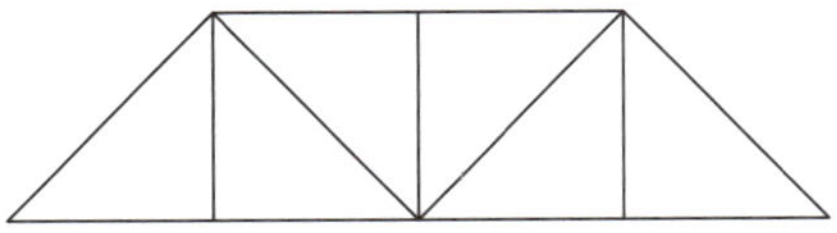

e)

$\frac{3}{10}$

f)
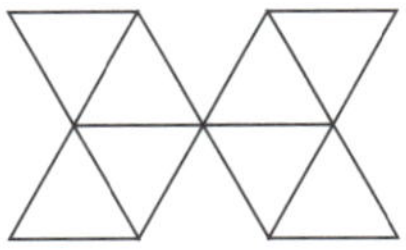
$\frac{1}{4}$

Bruchteile herstellen

1 Welcher Bruchteil der Figuren ist rot, grau oder weiß gefärbt?

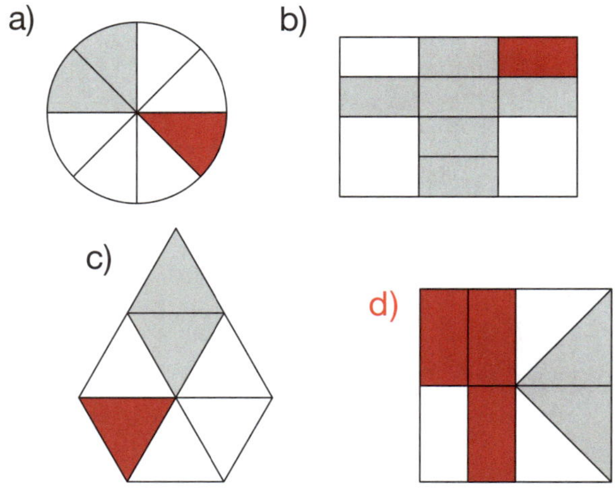

	rot	grau	weiß
a)			
b)			
c)			
d)			

2 Trage den angegebenen Bruchteil in das Ganze ein und färbe ihn.

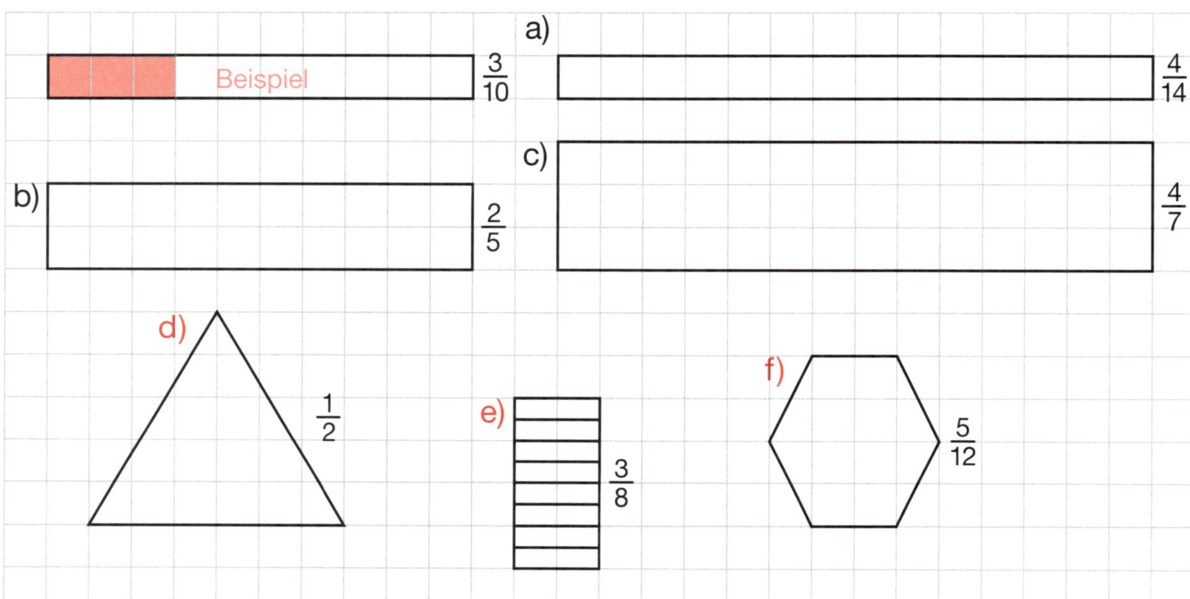

3 Du siehst nur einen Bruchteil. Wie groß war das Ganze? Ergänze.

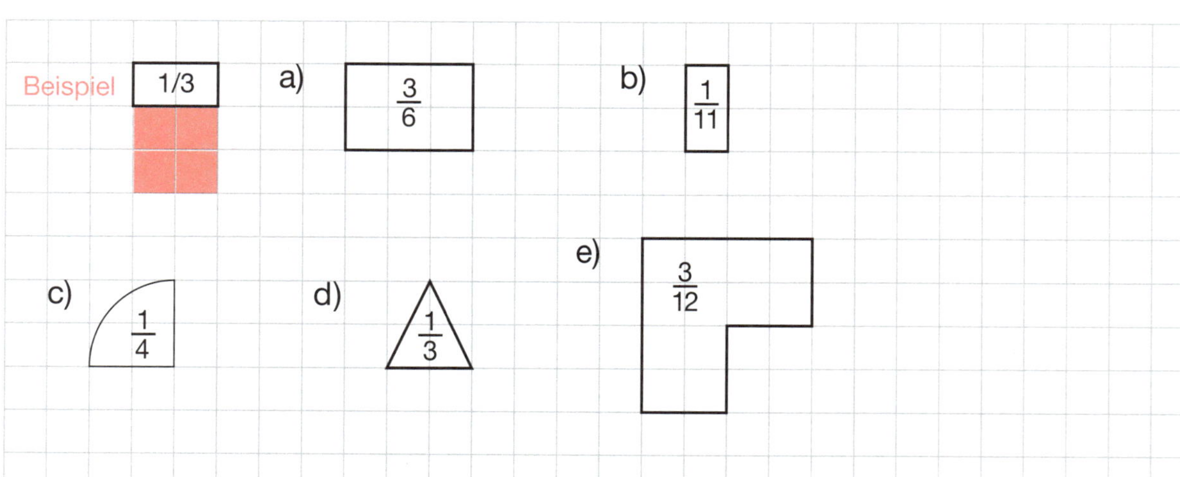

Bruchteile von Anzahlen

1

Die Jugendgruppe der Gemeinde Preith wandert. Welcher Bruchteil der Gruppe

a) trägt eine Mütze? ________ b) hört Walkman? ________

c) trägt kurze Hosen? ________ d) lächelt? ________

e) hat einen Rucksack dabei? ________ f) hat rote Haare? ________

2 Gib den Bruchteil an.

a) Im Klassenzimmer sind 3 von 5 Fenstern geöffnet. ____

b) Die Lektüre der 6a hat 90 Seiten. 15 Seiten sind erst gelesen. ____

c) Von den 25 Schülern der Klasse 6c spielen 10 in der Pause Tischtennis. ____

d) 80 von 240 Schülern essen in der Pause ein Wurstbrot. ____

3 Färbe jeweils den angegebenen Bruchteil der Kugeln an.
Welcher Bruchteil bleibt weiß?

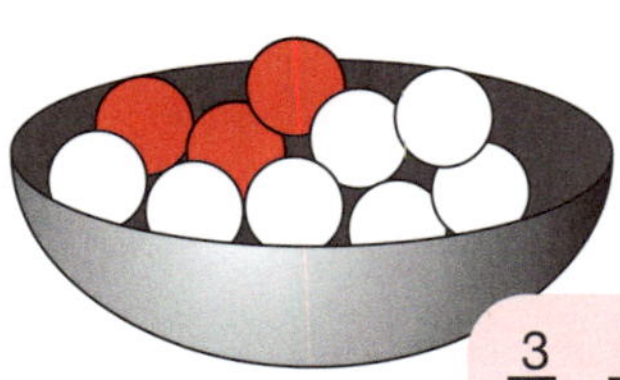

Beispiel $\frac{3}{10}$ $\frac{7}{10}$

a) 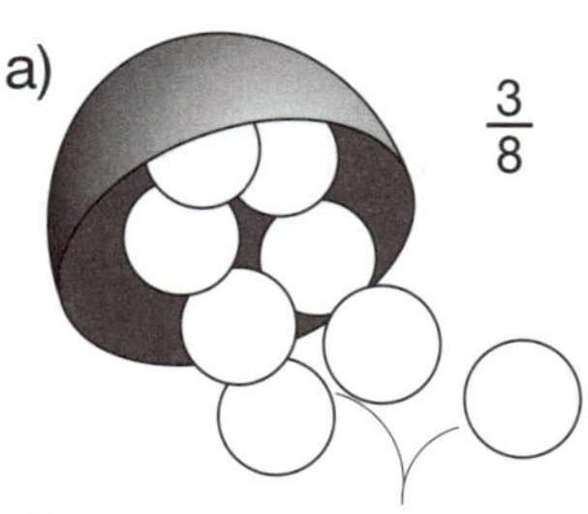 $\frac{3}{8}$ ____

b) 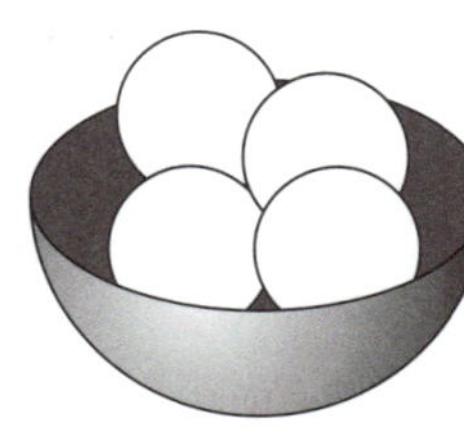 $\frac{1}{2}$ ____

c) 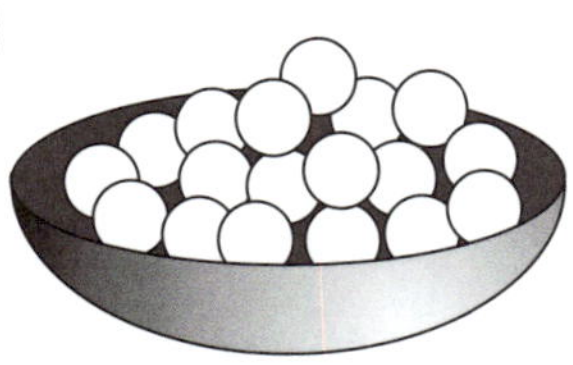 $\frac{2}{3}$ ____

d) 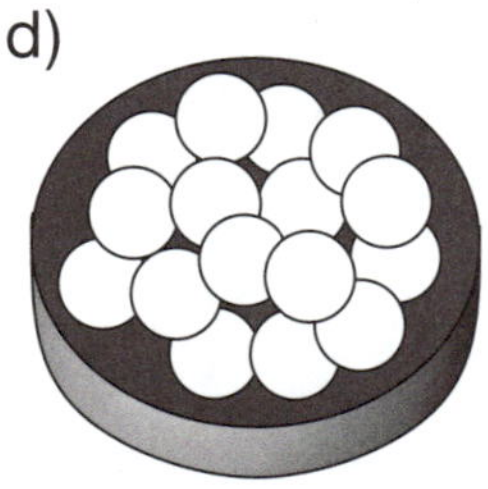 $\frac{3}{4}$ ____

e) 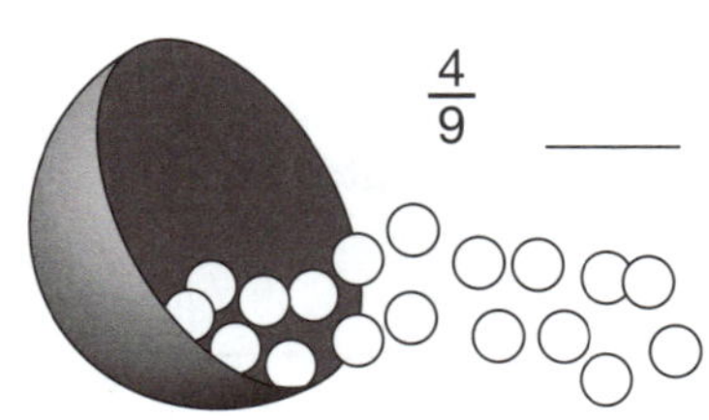 $\frac{4}{9}$ ____

4 Zeichne die gesamte Anzahl der Kreuzchen. Drei Viertel aller Kreuze sind gezeichnet.

Beispiel: X X X X X X **X X**

a) X X X

b) X X X X X X X X X

c) X X X X X X X X X X X X X X X

d) X X X X X X X X X X X X

e) X X X X X X X X X X X X X X X X X X

Bruchteile von Größen

1 Berechne den Bruchteil wie im Beispiel.

$\frac{2}{3}$ von 6 kg = 6 kg $\xrightarrow{:3}$ 2 kg $\xrightarrow{\cdot 2}$ 4 kg

a) $\frac{3}{4}$ von 36 t ______

b) $\frac{5}{16}$ von 48 g ______

c) $\frac{3}{20}$ von 80 € ______

d) $\frac{5}{8}$ von 72 € ______

e) $\frac{3}{4}$ von 2000 *l* ______

2 Notiere nur das Ergebnis.

a) $\frac{1}{6}$ von 24 kg ______ b) $\frac{2}{3}$ von 6 cm ______ c) $\frac{1}{6}$ von 30 min ______

$\frac{1}{9}$ von 81 kg ______ $\frac{3}{4}$ von 12 cm ______ $\frac{2}{5}$ von 30 min ______

$\frac{1}{4}$ von 48 kg ______ $\frac{3}{8}$ von 32 cm ______ c) $\frac{1}{12}$ von 60 min ______

HEFT **3** Pauline fotografiert gern. Sie gibt einen 24er Film zum Entwickeln. Auf $\frac{3}{8}$ der Fotos ist ihr Goldhamster zu sehen, $\frac{1}{6}$ der Bilder zeigen ihre Freundin Sabrina, $\frac{9}{24}$ stammen vom Wandertag und $\frac{2}{24}$ sind verwackelt.

Berechne jeweils die Anzahl der Bilder.

4 Schildkröten können 300 Jahre alt werden. Berechne das Höchstalter der anderen Tiere im Vergleich zur Schildkröte.

Erweitern und Kürzen

1 Mit welcher Zahl wurde gekürzt oder erweitert? Arbeite wie im Beispiel.

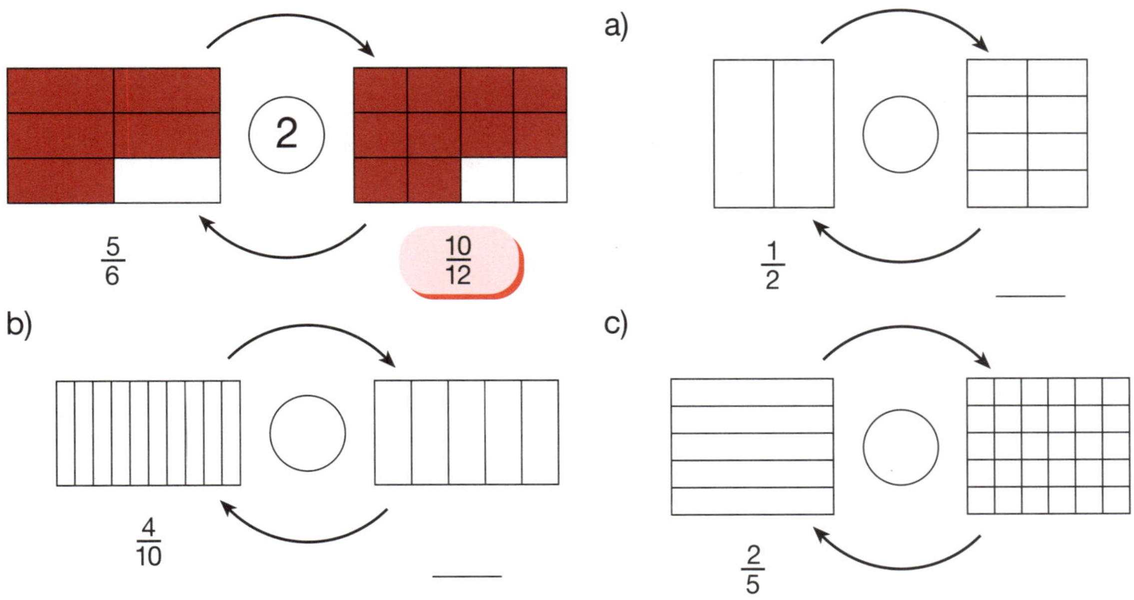

2 Erweitere

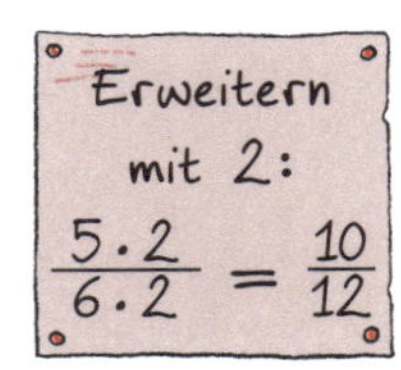

a) mit 3: $\frac{2}{7}$ = ____; $\frac{3}{8}$ = ____; $\frac{7}{9}$ = ____; $\frac{10}{11}$ = ____; $\frac{6}{13}$ = ____

b) mit 5: $\frac{2}{9}$ = ____; $\frac{1}{6}$ = ____; $\frac{4}{7}$ = ____; $\frac{9}{10}$ = ____; $\frac{11}{15}$ = ____

3 Erweitere auf den angegebenen Nenner.

a) $\frac{2}{12} = \frac{\quad}{36}$ b) $\frac{6}{18} = \frac{\quad}{90}$ c) $\frac{4}{9} = \frac{\quad}{63}$ d) $\frac{5}{24} = \frac{\quad}{72}$ e) $\frac{11}{12} = \frac{\quad}{144}$

4 Kürze

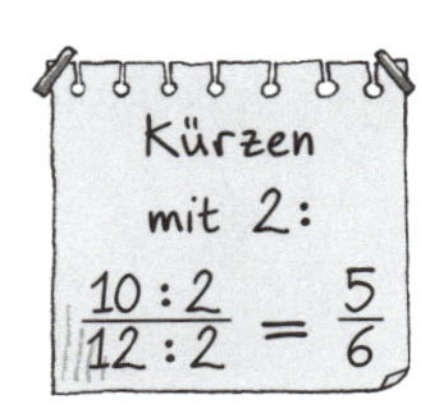

a) mit 4: $\frac{8}{20}$ = ____; $\frac{16}{80}$ = ____; $\frac{4}{24}$ = ____; $\frac{40}{48}$ = ____; $\frac{36}{72}$ = ____

b) mit 7: $\frac{21}{28}$ = ____; $\frac{14}{35}$ = ____; $\frac{49}{56}$ = ____; $\frac{7}{77}$ = ____; $\frac{35}{84}$ = ____

5 Durch welche Zahlen könnte man kürzen? Gib auch den gekürzten Bruch an.

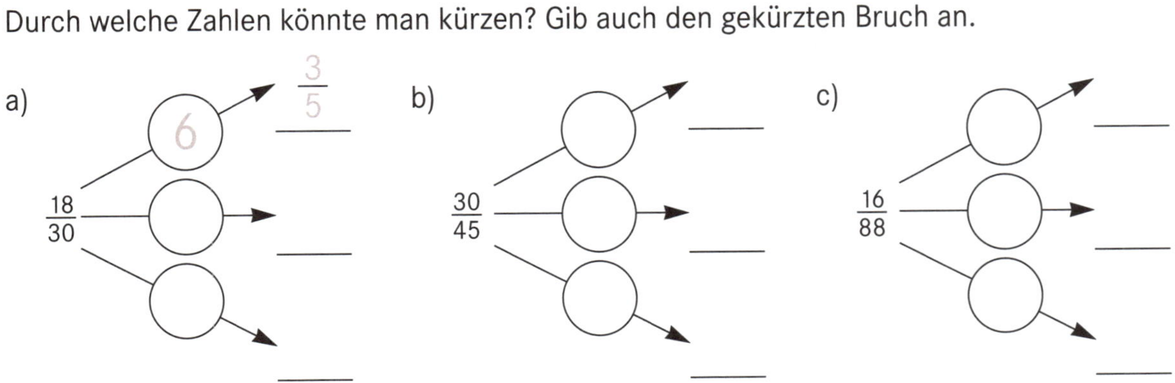

Erweitern und Kürzen

1 Ergänze die Brüche.

a) $\frac{2}{5} = \frac{\quad}{15}$ b) $\frac{12}{25} = \frac{\quad}{100}$ c) $\frac{24}{30} = \frac{\quad}{5}$ d) $\frac{3}{4} = \frac{\quad}{28}$

e) $\frac{3}{7} = \frac{21}{\quad}$ f) $\frac{3}{18} = \frac{\quad}{6}$ g) $\frac{20}{60} = \frac{5}{\quad}$ h) $\frac{52}{169} = \frac{\quad}{13}$

2 Kürze immer weiter mit der im Kreis angegebenen Zahl.

a) $\frac{1050}{1680}$ — (2) — ☐ — (5) — ☐ — (3) — ☐ — (7) — $\frac{5}{8}$

b) $\frac{25\,200}{42\,000}$ — (20) — ☐ — (7) — ☐ — (10) — ☐ — (6) — $\frac{3}{5}$

3 Kürze so weit wie möglich.

a) $\frac{36}{48}$ = ____________ b) $\frac{14}{84}$ = ____________ c) $\frac{100}{175}$ = ____________

4 Welcher Bruch hat einen anderen Wert als die übrigen vier? Streiche ihn weg.

a) $\frac{6}{24}$; $\frac{3}{12}$; $\frac{1}{4}$; $\frac{3}{10}$; $\frac{12}{48}$

b) $\frac{3}{15}$; $\frac{1}{5}$; $\frac{9}{45}$; $\frac{27}{135}$; $\frac{3}{35}$

c) $\frac{4}{18}$; $\frac{1}{9}$; $\frac{2}{9}$; $\frac{12}{54}$; $\frac{36}{162}$

5 Vergleiche die Brüche. Setze > oder <.

a) $\frac{4}{6}$ ☐ $\frac{7}{10}$ b) $\frac{3}{8}$ ☐ $\frac{2}{3}$ c) $\frac{3}{4}$ ☐ $\frac{2}{9}$ d) $\frac{7}{8}$ ☐ $\frac{11}{12}$ e) $\frac{3}{10}$ ☐ $\frac{4}{15}$

6 Ordne nach der Größe.

$\frac{6}{8}$; $\frac{2}{18}$; $\frac{3}{6}$; $\frac{7}{6}$; $\frac{1}{18}$; $\frac{2}{3}$; ____________________________

7 Ordne die Brüche am Zahlenstrahl ein.

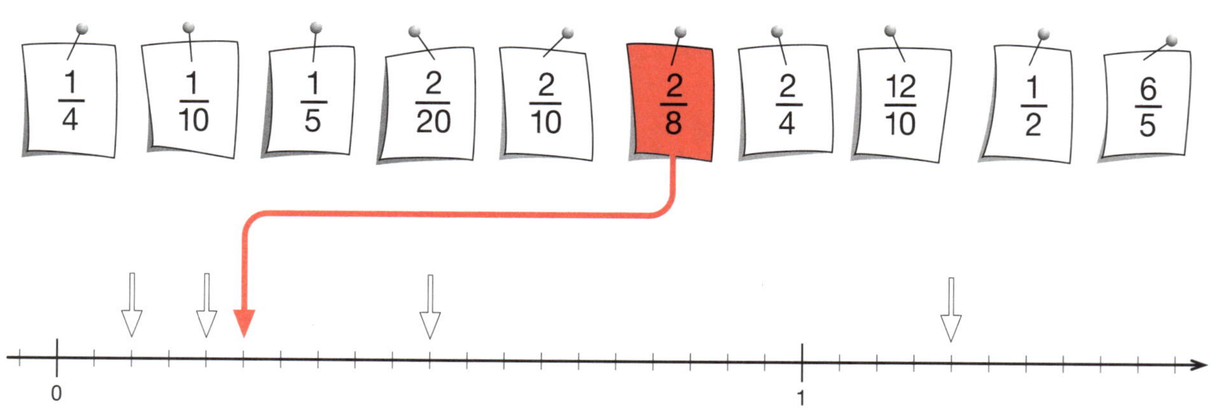

Gemischte Zahl und unechter Bruch

1 Schreibe als gemischte Zahl und als unechten Bruch.

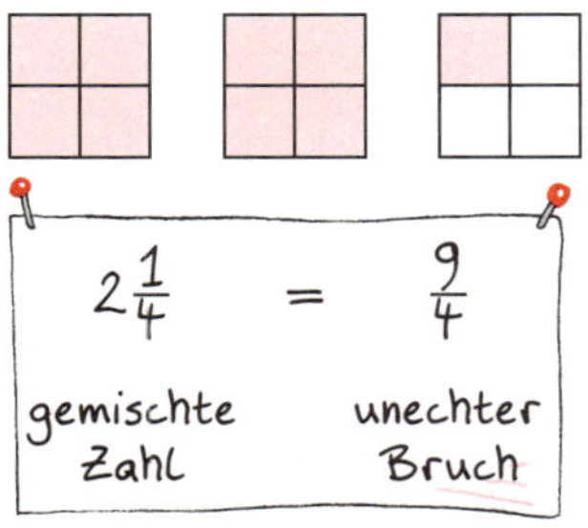

a)

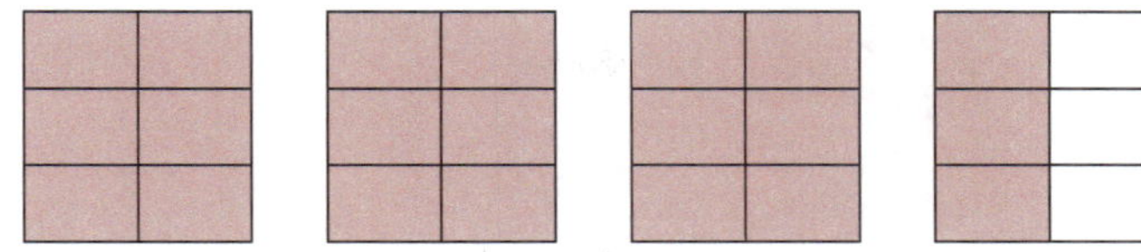

____ = ____

b)

____ = ____

c)

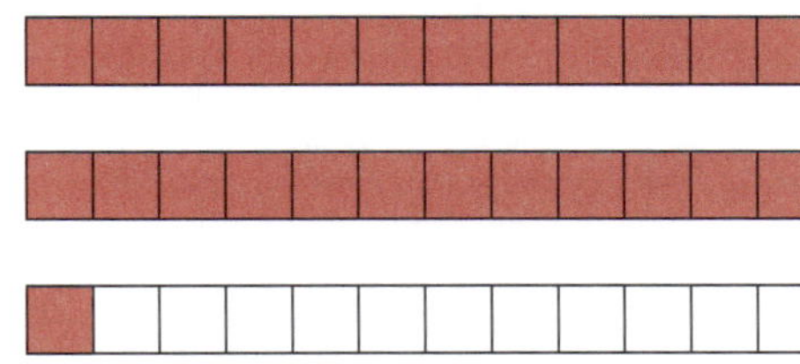

____ = ____

2 Färbe und schreibe den unechten Bruch als gemischte Zahl.

a)

$\frac{17}{5}$ = ____

b)

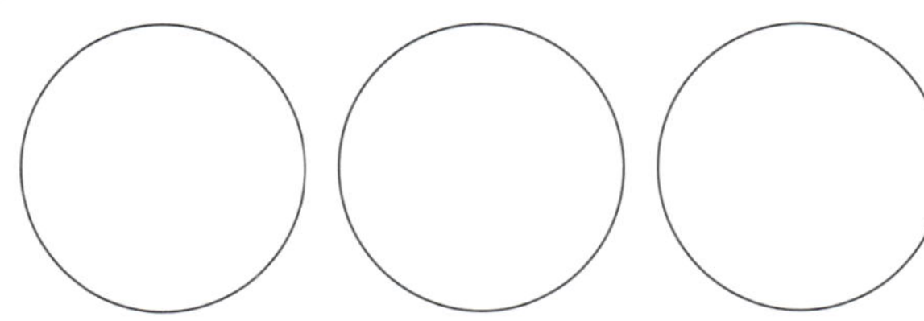

$\frac{9}{4}$ = ____

c)

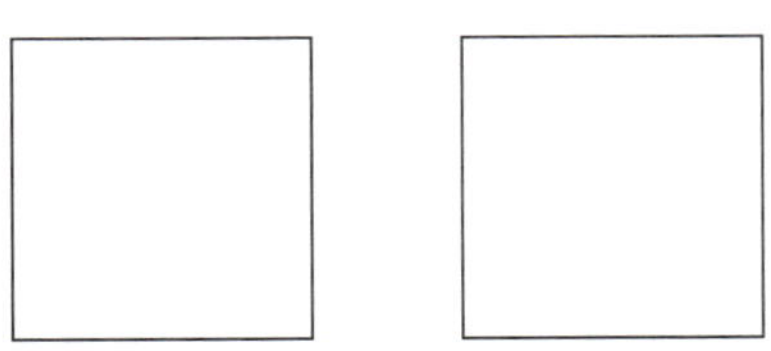

$\frac{15}{8}$ = ____

d)

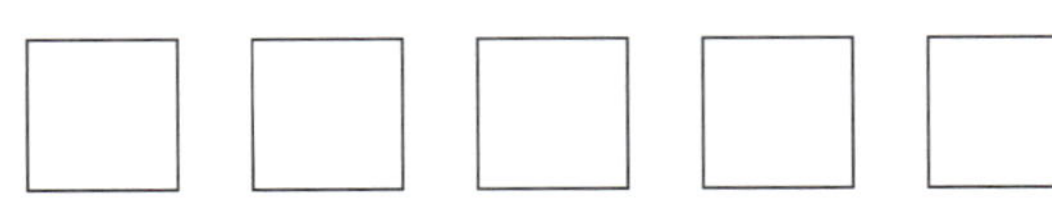

$\frac{9}{2}$ = ____

3 Schreibe als unechten Bruch.

a) $4\frac{4}{7}$ = ____ b) $5\frac{5}{9}$ = ____ c) $2\frac{13}{17}$ = ____ d) $3\frac{4}{21}$ = ____

4 Schreibe als gemischte Zahl.

a) $\frac{13}{8}$ = ____ b) $\frac{34}{9}$ = ____ c) $\frac{53}{10}$ = ____ d) $\frac{23}{15}$ = ____ e) $\frac{65}{12}$ = ____

5 Schreibe die ganzen Zahlen als unechte Brüche mit dem vorgegebenen Nenner.

$2 = \frac{6}{3}$

a) $5 = \frac{}{4}$ b) $8 = \frac{}{2}$ c) $4 = \frac{}{11}$ d) $9 = \frac{}{7}$ e) $10 = \frac{}{14}$

Gleichnamige Brüche addieren und subtrahieren

1 Färbe die vorgegebenen Additionsaufgaben wie im Beispiel und berechne.

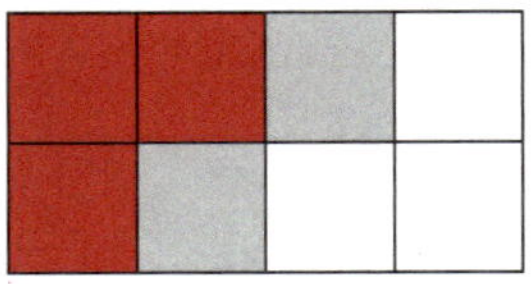

$\frac{3}{8} + \frac{2}{8} = \frac{5}{8}$

a) 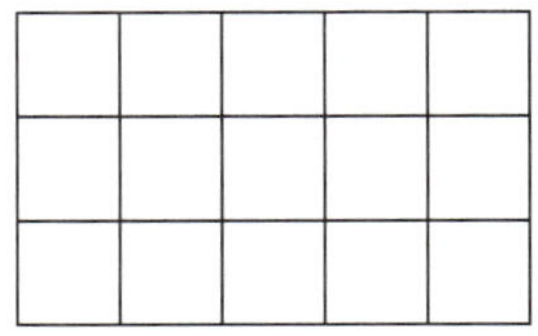

$\frac{8}{15} + \frac{5}{15} =$ ____

b) 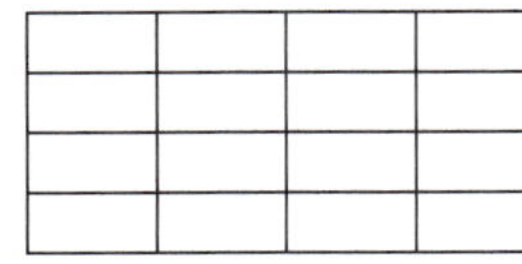

$\frac{5}{16} + \frac{3}{16} =$ ____

c) 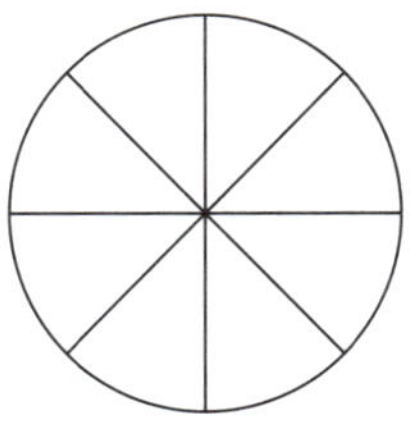

$\frac{4}{} + \frac{2}{} =$ ____

d) 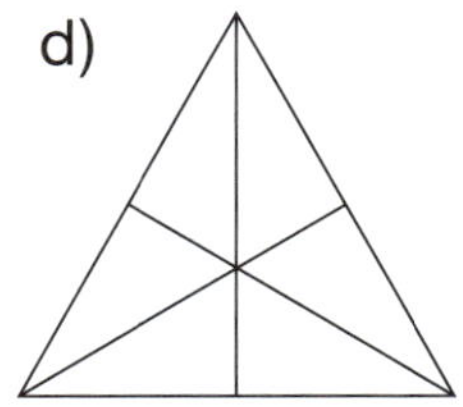

$\frac{2}{} + \frac{2}{} =$ ____

e) 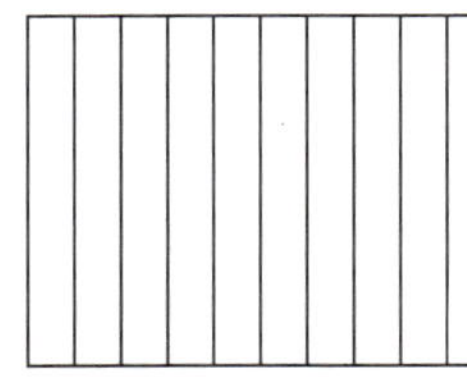

$\frac{3}{} + \frac{6}{} =$ ____

2 Berechne und gib das Ergebnis als gemischte Zahl an.

a) $\frac{4}{5} + \frac{2}{5} =$ ____ b) $\frac{5}{9} + \frac{7}{9} =$ ____ c) $\frac{3}{16} + \frac{15}{16} =$ ____

d) $4\frac{7}{12} + 1\frac{7}{12} =$ ____ e) $3\frac{5}{8} + \frac{7}{8} =$ ____ f) $4\frac{4}{19} + 2\frac{6}{19} =$ ____

3 Schreibe die zugehörigen Subtraktionsaufgaben wie im Beispiel und berechne.

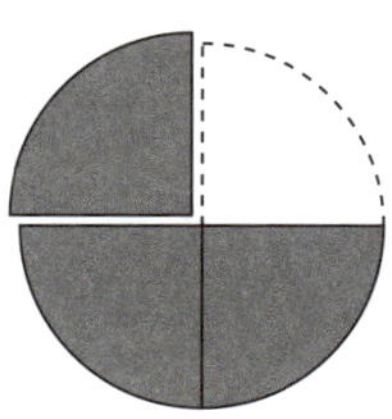

$\frac{3}{4} - \frac{1}{4} = \frac{2}{4} = \frac{1}{2}$

a) 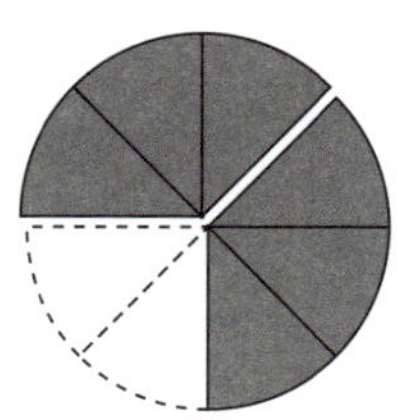

____

b) 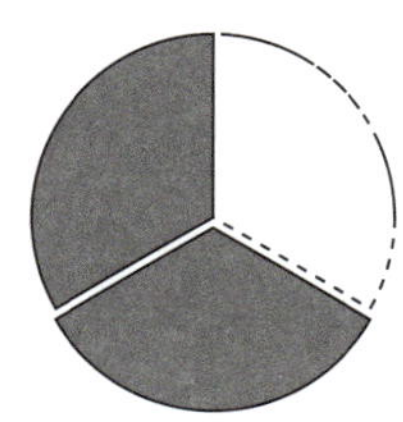

____

c) 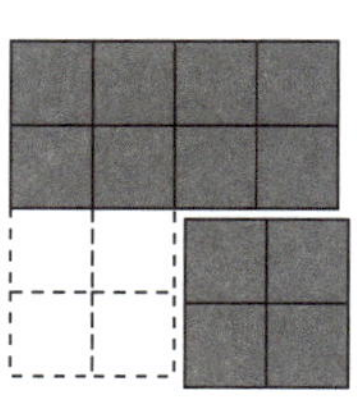

____

d) 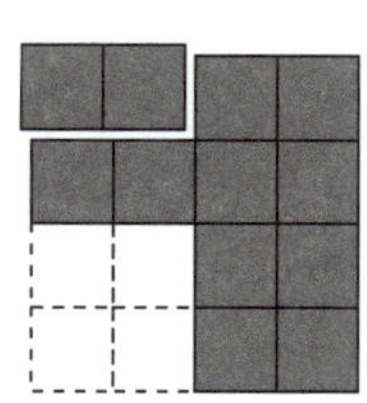

____

e) 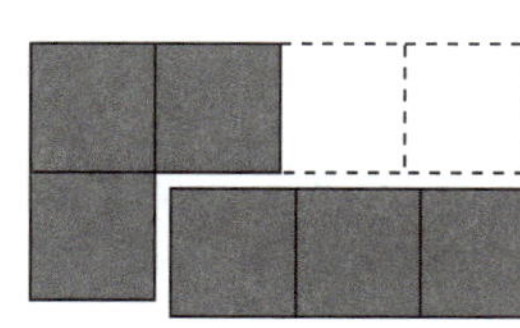

____

4 Berechne.

a) $\frac{6}{7} - \frac{3}{7} =$ ____ b) $\frac{8}{13} - \frac{5}{13} =$ ____ c) $\frac{8}{11} - \frac{4}{11} =$ ____

Brüche mit verschiedenen Nennern addieren und subtrahieren

1 Zeichne und löse die Additionsaufgaben wie im Beispiel.

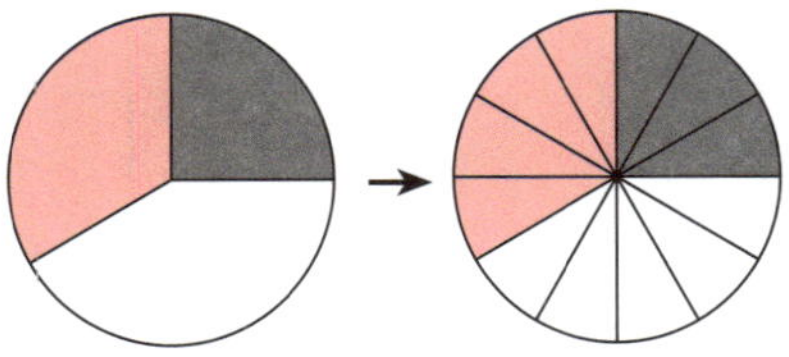

$\frac{1}{3} + \frac{1}{4} = \frac{4}{12} + \frac{3}{12} = \frac{7}{12}$

a)

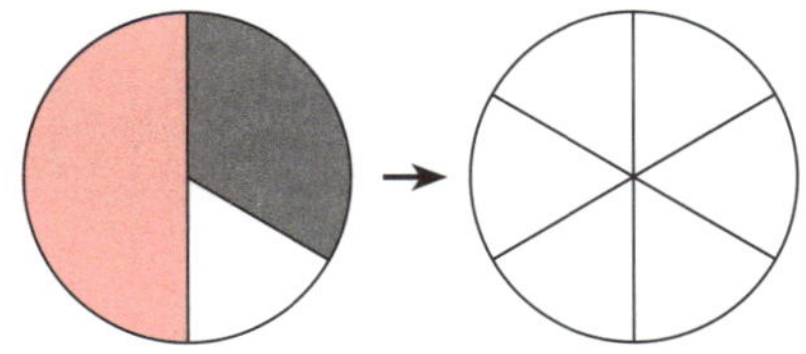

$\frac{1}{2} + \frac{1}{3} = \frac{}{6} + \frac{}{6} = \frac{}{6}$

b)

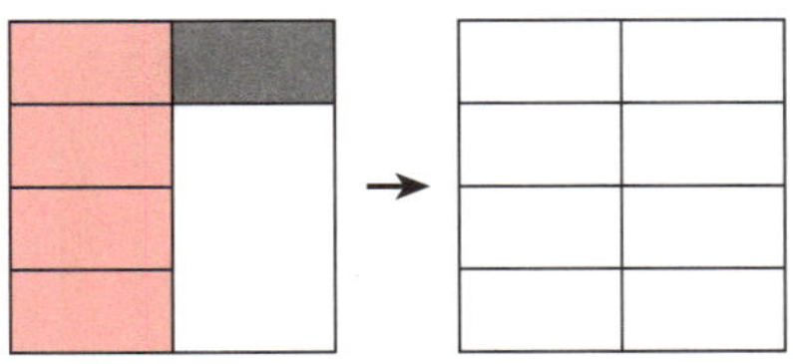

$\frac{1}{2} + \frac{1}{8} =$ ____________________

c)

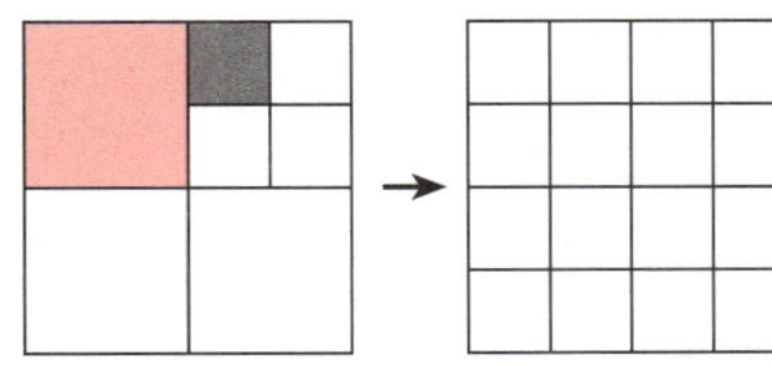

$\frac{1}{4} + \frac{1}{16} =$ ____________________

2

a) $\frac{1}{3} + \frac{3}{7} =$ ____________________ b) $\frac{2}{9} + \frac{2}{3} =$ ____________________ c) $\frac{4}{5} + \frac{1}{2} =$ ____________________

d) $\frac{3}{4} - \frac{3}{10} =$ ____________________ e) $\frac{11}{12} - \frac{1}{3} =$ ____________________ f) $\frac{7}{6} - \frac{3}{8} =$ ____________________

3 Berechne und gib das Ergebnis als gemischte Zahl an.

4 Rechne immer mit dem Ergebnis weiter.

$\frac{3}{5}$ → $(+\frac{3}{10})$ → ☐ → $(-\frac{1}{2})$ → ☐ → $(+\frac{3}{6})$ → ☐ → $+\frac{3}{30}$ → 1

5 Auf dem Lastwagen werden $3\frac{1}{4}$ t Kartoffeln geladen, auf dem Anhänger $2\frac{4}{5}$ t.

Wie schwer ist die gesamte Ladung?

____

6 Im Getreidesilo lagern $12\frac{3}{4}$ t Weizen. Es werden $6\frac{5}{6}$ t verkauft. Wie viel t sind noch im Silo?

____

Brüche mit einer natürlichen Zahl multiplizieren

1 Färbe jeweils das Dreifache der gekennzeichneten Bruchteile an und berechne als Multiplikationsaufgabe.

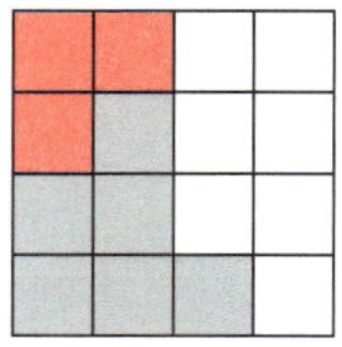

$3 \cdot \frac{3}{16} = \frac{3 \cdot 3}{16} = \frac{9}{16}$

a) 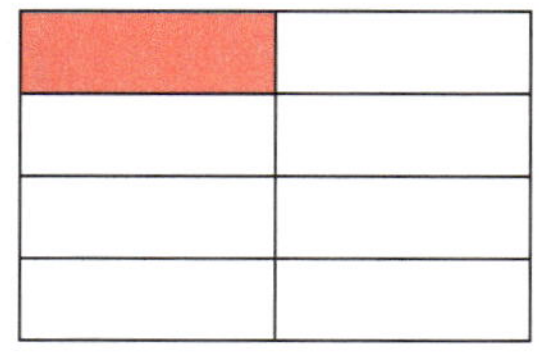

b) 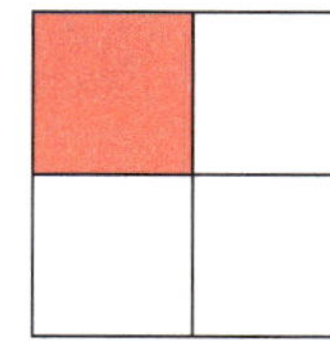

c) 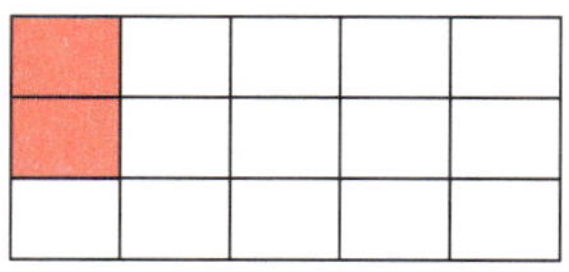

d) 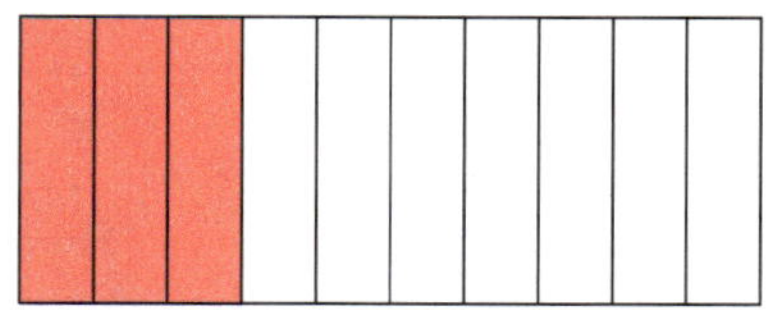

e) 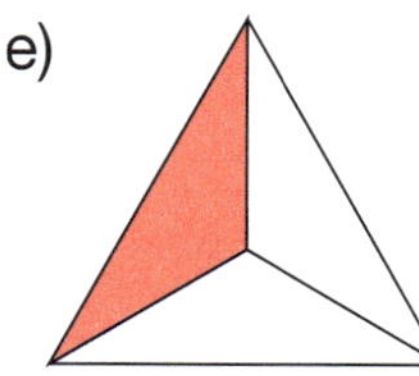

2 Berechne. Gib das Ergebnis als gemischte Zahl an.

a) $5 \cdot \frac{6}{7} =$ ______ b) $7 \cdot \frac{4}{9} =$ ______ c) $10 \cdot \frac{8}{23} =$ ______

d) $8 \cdot \frac{3}{7} =$ ______ e) $3 \cdot \frac{11}{13} =$ ______ f) $4 \cdot \frac{5}{17} =$ ______

3 Berechne. Kürze zuerst.

a) $9 \cdot \frac{5}{12} =$ ______ b) $8 \cdot \frac{5}{7} =$ ______ c) $\frac{3}{10} \cdot 4 =$ ______

$12 \cdot \frac{3}{10} =$ ______ $4 \cdot \frac{15}{18} =$ ______ $\frac{19}{8} \cdot 12 =$ ______

$7 \cdot \frac{3}{14} =$ ______ $24 \cdot \frac{3}{12} =$ ______ $\frac{16}{27} \cdot 15 =$ ______

4 Berechne wie im Beispiel.

$\frac{7}{9}$ von 11 m = $\frac{11 \cdot 7}{9}$ m = $\frac{77}{9}$ m = $8\frac{5}{9}$ m

a) $\frac{1}{4}$ von 13 kg = ______ b) $\frac{3}{10}$ von 8 *l* = ______

c) $\frac{2}{3}$ von 100 m = ______ d) $\frac{7}{9}$ von 15 cm = ______

e) $\frac{7}{20}$ von 16 t = ______ f) $\frac{8}{20}$ von 300 km = ______

5 Ein Schlosser arbeitet täglich $7\frac{1}{2}$ Stunden. Wie viele Stunden arbeitet er in 5 Tagen?

______

Brüche durch eine natürliche Zahl dividieren

1 Dividiere den Zähler.

$\frac{4}{5} : 2 = \frac{2}{5}$

a) $\frac{9}{14} : 3 =$ ____ b) $\frac{8}{11} : 4 =$ ____ c) $\frac{60}{17} : 30 =$ ____ d) $\frac{48}{49} : 12 =$ ____

2 Schreibe und berechne die Divisionsaufgaben wie im Beispiel.

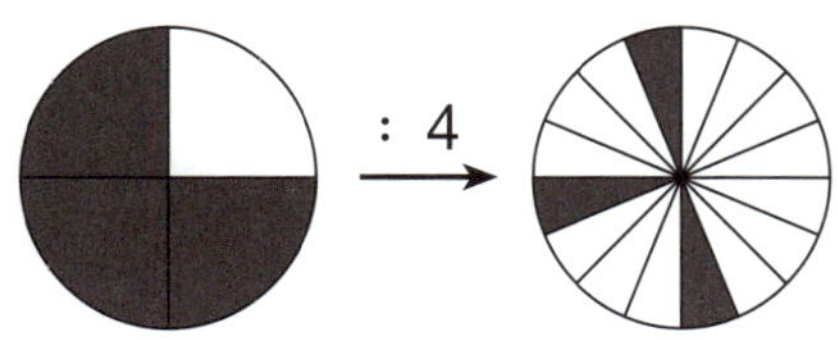

$\frac{3}{4} : 4 = \frac{12}{16} : 4 = \frac{3}{16}$

a)

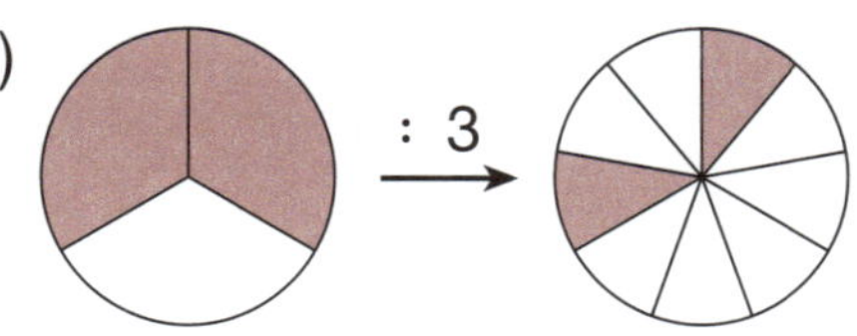

____

b)

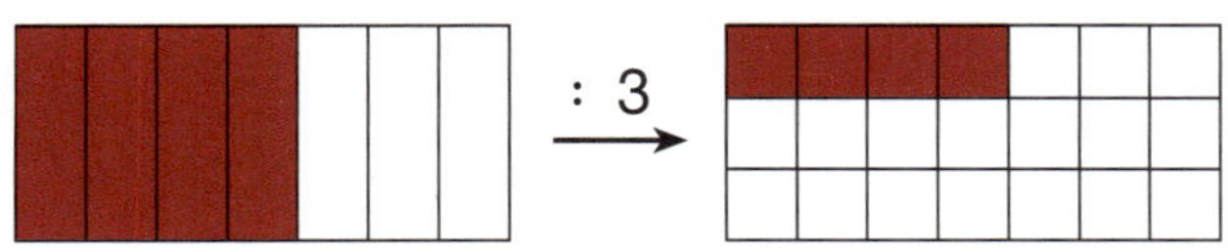

c)

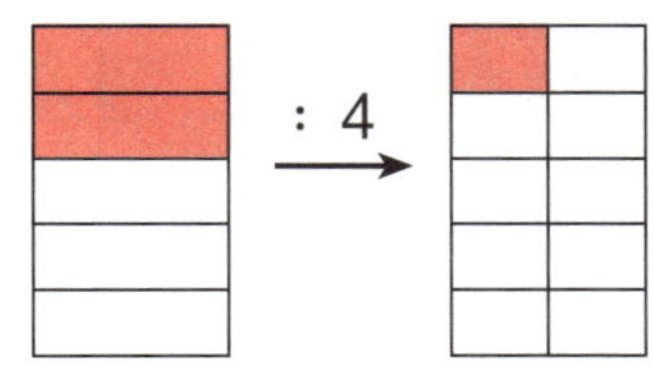

______________________ ______________________

3 a) $\frac{5}{8} : 2 =$ ______________________ b) $\frac{7}{13} : 10 =$ ______________________

c) $\frac{9}{12} : 6 =$ ______________________ d) $\frac{4}{5} : 12 =$ ______________________

4 Verwandle die gemischte Zahl zuerst in einen unechten Bruch.

$7\frac{1}{2} : 10 = \frac{15}{2} : 10 = \frac{30}{4} : 10 = \frac{3}{4}$

a) $3\frac{2}{3} : 11 =$ ______________________

b) $8\frac{2}{5} : 7 =$ ______________________ c) $4\frac{11}{20} : 2 =$ ______________________

d) $2\frac{1}{3} : 15 =$ ______________________ e) $2\frac{2}{5} : 18 =$ ______________________

5 Rechne die Rezeptangaben auf die angegebenen Personen um.

für 4 Personen	$\frac{1}{2}$ kg Mehl	$\frac{3}{4}$ *l* Milch	$\frac{1}{4}$ *l* Sahne	$\frac{3}{8}$ *l* Wasser
für 2 Personen				
für 1 Person				

6 Wie viele Stunden werden für einen Kilometer veranschlagt?

____

Mach dich fit!

1 Welcher Bruchteil der Figur ist rot, grau oder weiß gefärbt?

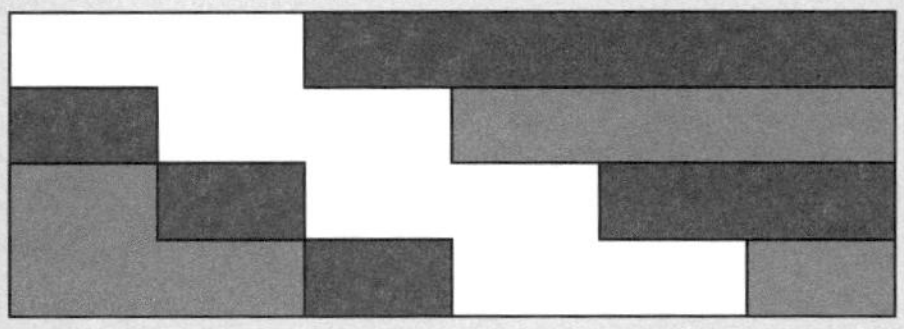

rot ______ grau ______ weiß ______

2 Welcher Bruchteil fehlt zum Ganzen?

a)

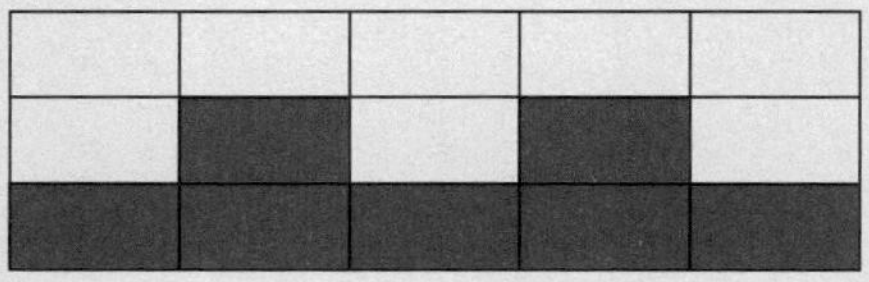

______

b)

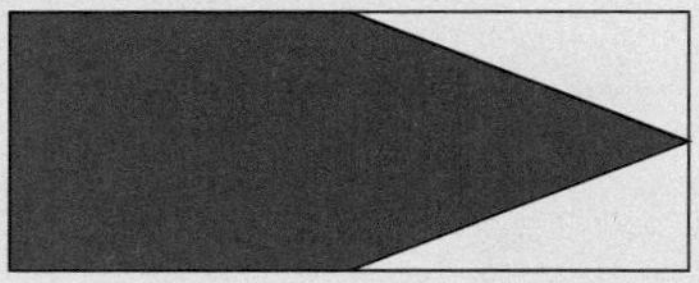

______

3 Berechne den Bruchteil.

a) $\frac{2}{7}$ von 21 m = ______ b) $\frac{5}{16}$ von 32 l = ______

4 Ein Wanderfalke kann während des Sturzflugs in der Sekunde 81 m zurücklegen. Eine Gazelle läuft in derselben Zeit nur $\frac{1}{3}$ der Strecke, eine Katze $\frac{4}{27}$, eine Maus $\frac{2}{81}$ und der Mensch $\frac{1}{9}$ der Strecke. Berechne die zurückgelegten Strecken.

5 Der rote Bruchteil kann verschieden benannt werden. Schreibe wie im Beispiel auf.

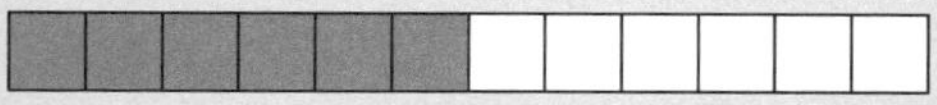

$\frac{6}{12} = \frac{1}{2} = \frac{3}{6} = \frac{2}{4}$

a)

______

b)

______

c)

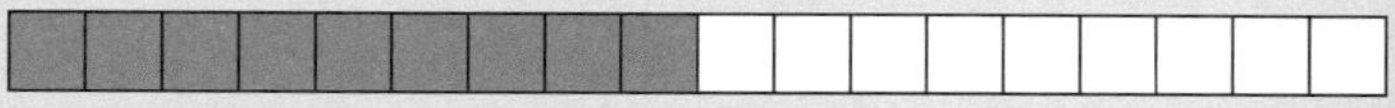

______

6 Mit welcher Zahl wurde erweitert?

a) $\frac{1}{2} = \frac{8}{16}$ ◯ b) $\frac{5}{6} = \frac{25}{30}$ ◯ c) $\frac{3}{5} = \frac{27}{45}$ ◯

Mach dich fit!

7 Kürze so weit wie möglich.

a) $\frac{12}{30}$ = ______ b) $\frac{36}{72}$ = ______ c) $\frac{25}{60}$ = ______

8 Ordne nach der Größe.

$\frac{2}{3}$; $\frac{3}{4}$; $\frac{7}{9}$; $\frac{3}{36}$; $\frac{5}{12}$: ______

9 a) $\frac{2}{15} + \frac{8}{15}$ = ______ b) $2\frac{3}{4} + \frac{5}{6}$ = ______

c) $\frac{1}{6} - \frac{1}{10}$ = ______ d) $\frac{4}{9} - \frac{1}{12}$ = ______

e) $4\frac{7}{30} - \frac{3}{5}$ = ______ f) $5\frac{5}{12} - 1\frac{3}{6}$ = ______

10 Ergänze die Zauberquadrate.

$\frac{1}{15}$	$\frac{7}{30}$	
	$\frac{1}{6}$	

Summe: $\frac{1}{2}$

		$1\frac{1}{5}$
$1\frac{4}{5}$	1	
$\frac{4}{5}$		

Summe: ______

11 Auf einem Stoffballen sind noch $4\frac{1}{2}$ m. Im Laufe des Tages werden davon $1\frac{3}{4}$ m und $2\frac{1}{2}$ m verkauft. Wie groß ist das Reststück?

______

______

12 a) $\frac{2}{5} \cdot 4$ = ______ b $\frac{4}{9} \cdot 6$ = ______ c) $\frac{4}{18} \cdot 9$ = ______

13 a) $\frac{3}{10}$ von 7 *l* = ______ b) $\frac{3}{7}$ von 42 kg = ______

14 Bei der Klassenarbeit konnte man insgesamt 25 Punkte erreichen. Christine hat $\frac{4}{5}$ der Punkte geschafft. Wie viele Punkte sind das?

______

15 a) $\frac{4}{7} : 2$ = ______ b $\frac{4}{9} : 8$ = ______ c) $4\frac{1}{2} : 9$ = ______

16 Für die Nachspeise in der Jugendherberge werden $3\frac{1}{4}$ kg Eis auf 26 Portionen verteilt. Wie viel kg bekommt jeder?

______

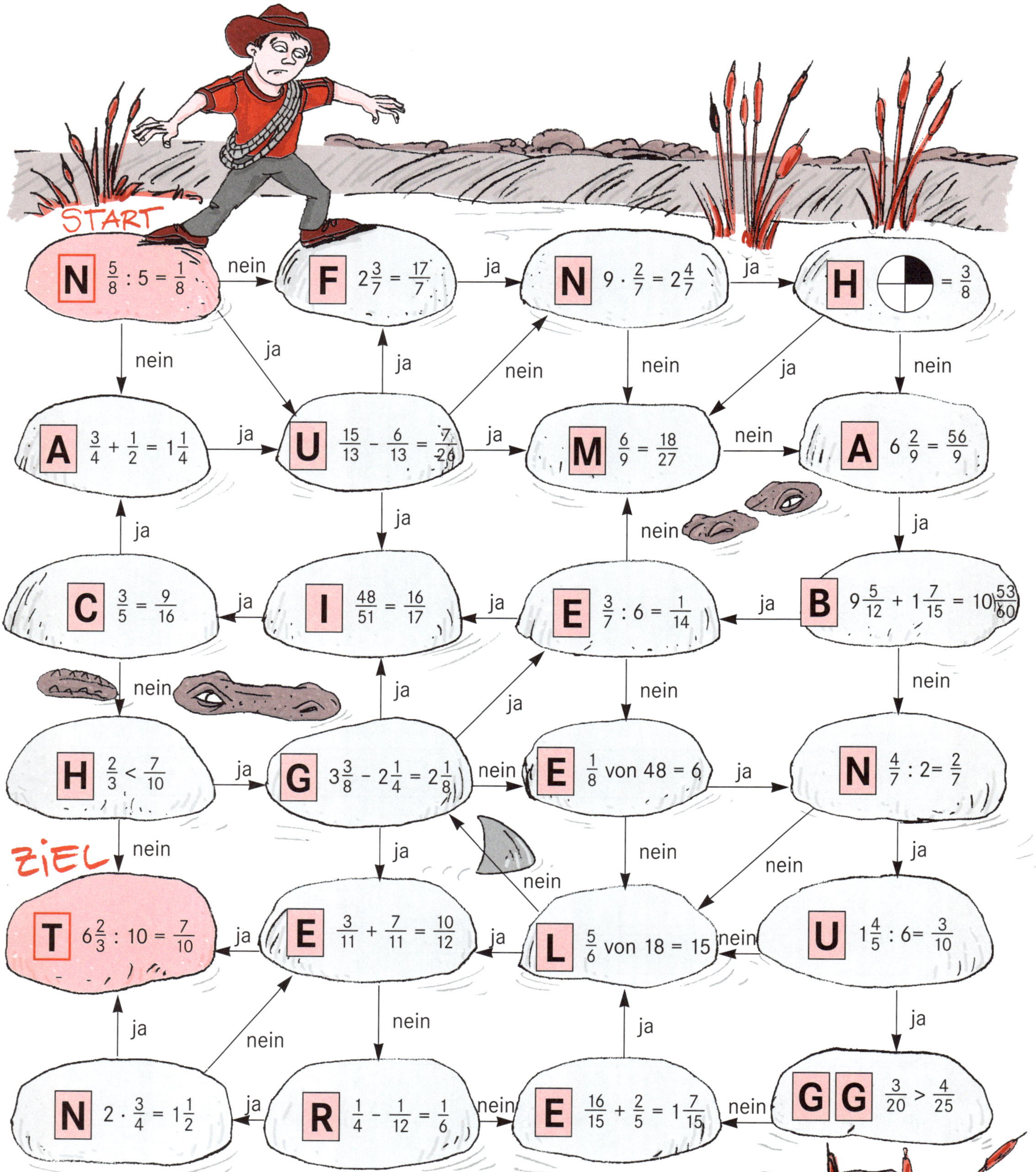

Lösungssatz:

N U _ _____ ___ ______

__________!

Kreise

1 Setze das Kreismuster fort und male an.

2 a) Zeichne um jeden Eckpunkt des Quadrats einen Kreis mit angegebenem Radius r.
b) Zeichne den Radius r, den Durchmesser d und den Mittelpunkt M mit Farbe ein.
c) Gib den Durchmesser d an.

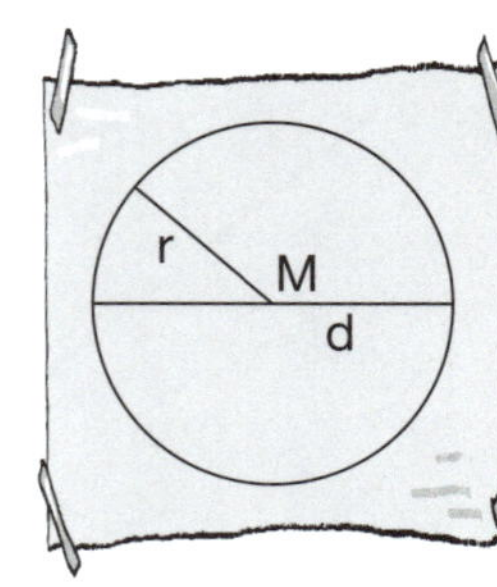

r = 2,5 cm   r = 20 mm

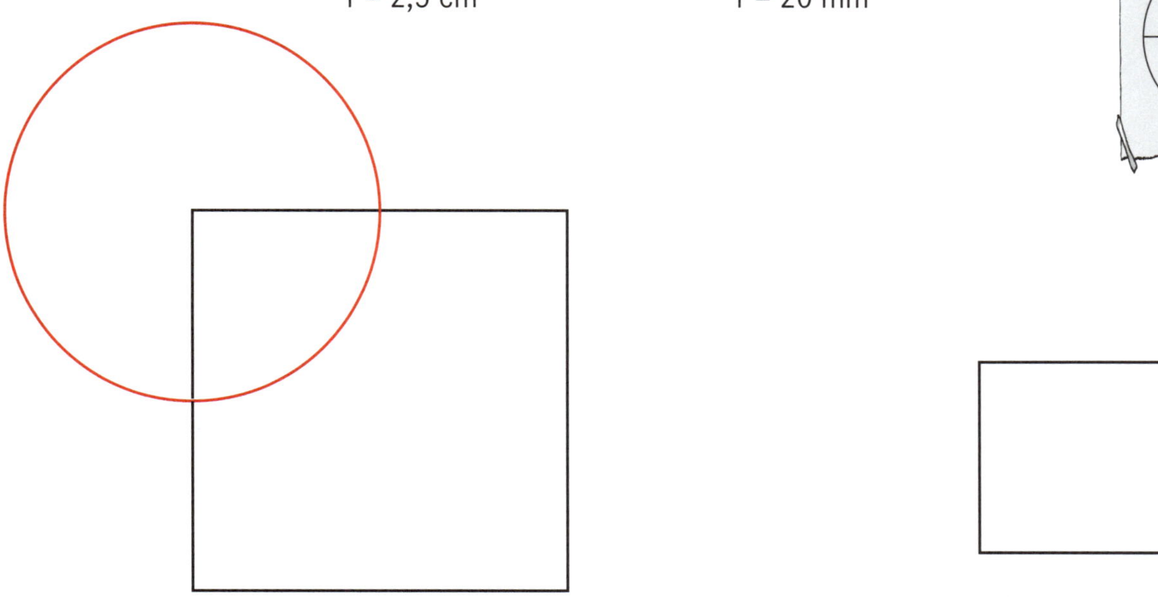

d = ________   d = ________

3 Berechne die fehlenden Werte.

Radius r	27 mm		4,3 m		103 cm
Durchmesser d		36 cm		12,6 m	

Dreiecke

1 a) Wie viele Dreiecke erkennst du? ________
b) Färbe ein Dreieck mit zwei gleich langen Seiten gelb.
c) Färbe ein Dreieck, bei dem alle Seiten gleich lang sind, blau.
d) Färbe ein Dreieck mit zwei zueinander senkrechten Seiten grün.

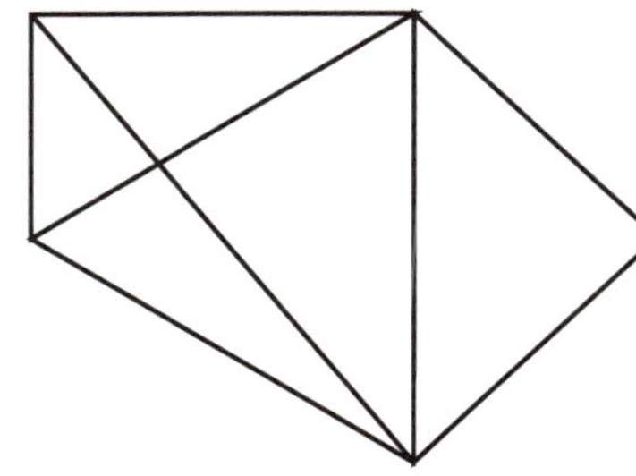

2 Benenne die Dreiecke. Zeichne die Symmetrieachsen ein.

a)
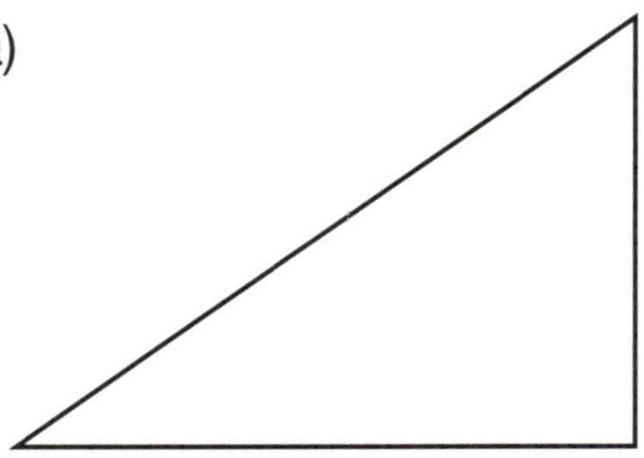
____

b)
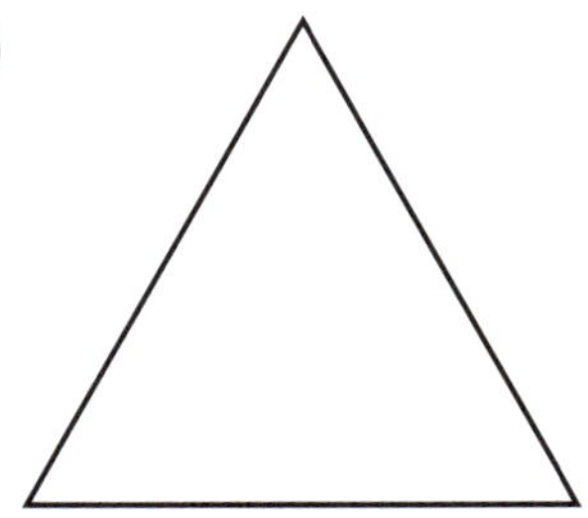
____

c)
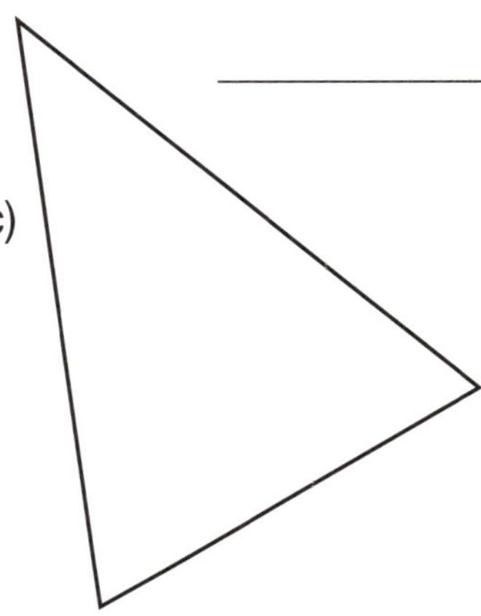
____

d)
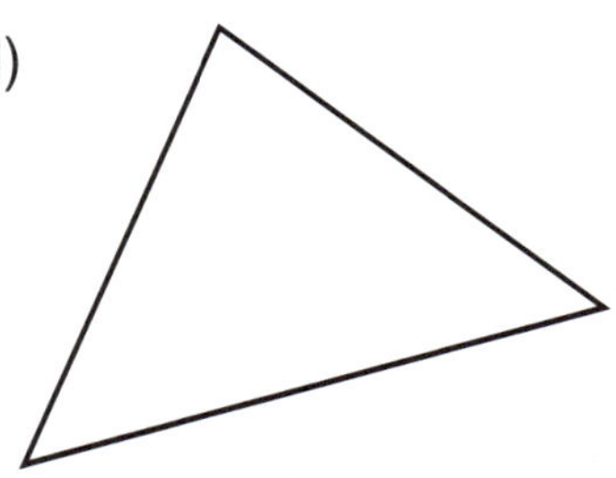
____

e)
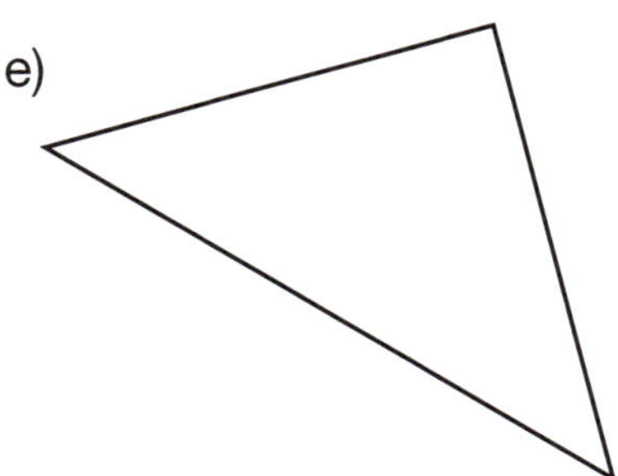
____

3 Kreuze den richtigen Satz an.

☐ Ein gleichseitiges Dreieck ist auch gleichschenklig.

☐ Ein gleichschenkliges Dreieck ist auch rechtwinklig.

4 Aus wie vielen gleichseitigen Dreiecken bestehen die Figuren? Zeichne sie ein.

a)

____

b)

____

Vierecke

1 Benenne die Vierecke. Zeichne Symmetrieachsen ein.
Färbe gleich lange Seiten mit gleicher Farbe.

a)

____

b)

____

c)

____

d)

____

e)

____

f)

____

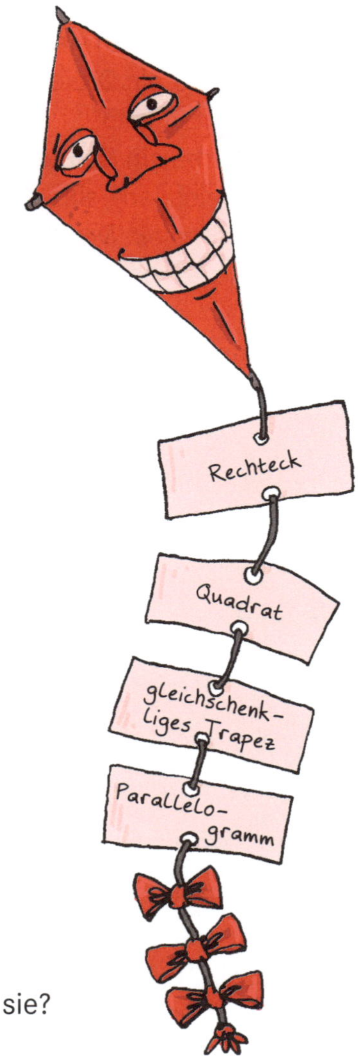

2 Hier siehst du nur die Diagonalen. Zu welchen Vierecken gehören sie?
Benenne und zeichne wie im Beispiel.

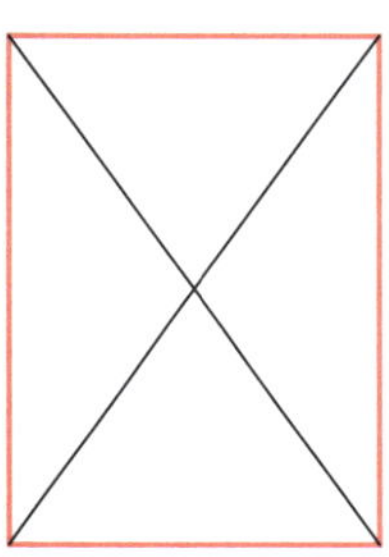

Rechteck

a)

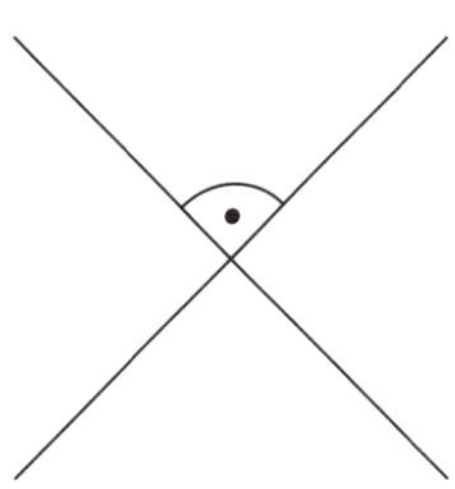

____

b)

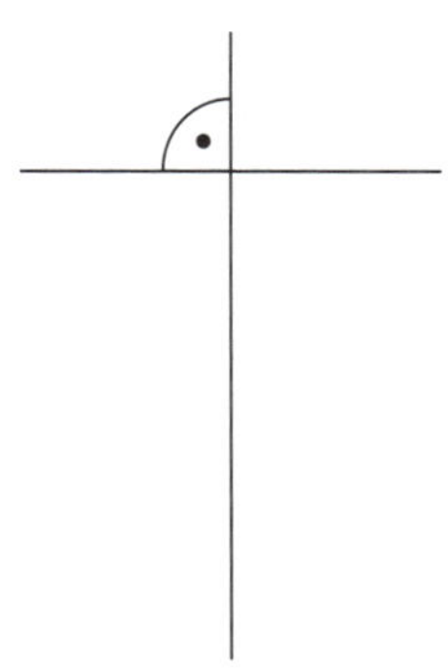

____

c)

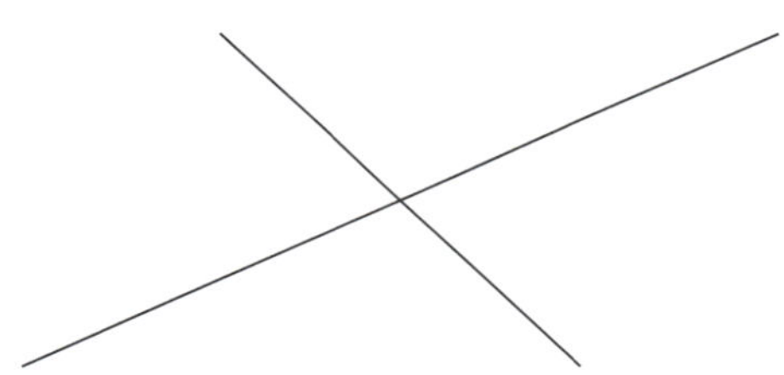

____

3 Setze das Muster fort. Welche Vierecke wurden verwendet?

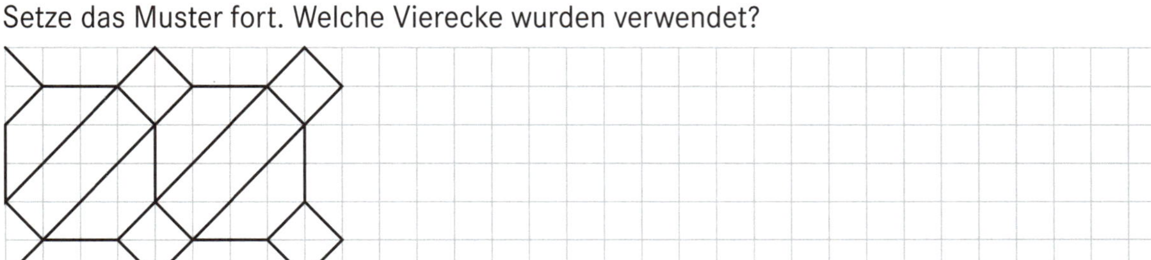

______________ ______________ ______________

Winkel messen

1 a) Wie heißen die Winkel? Ordne die Nummern zu.

1	spitzer Winkel
4	gestreckter Winkel

2	rechter Winkel
5	überstumpfer Winkel

3	stumpfer Winkel
6	Vollwinkel

b) Miss die Winkel und notiere ihre Größe.

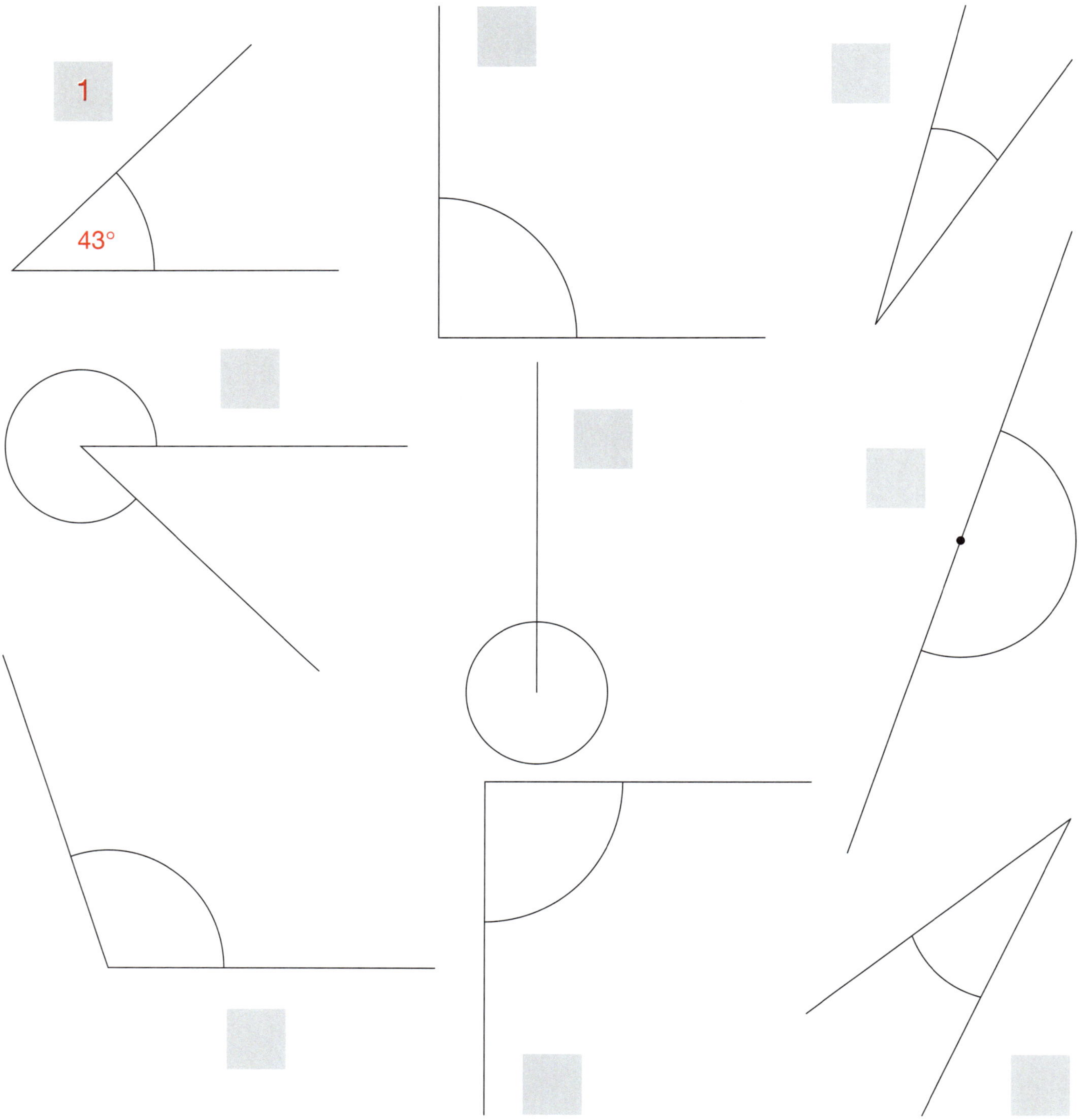

2 Unterscheide die Winkelarten.
Kreise spitze Winkel rot, stumpfe Winkel blau und überstumpfe Winkel grün ein.

110° 70° 170° 250° 15° 340° 346° 85° 142° 175° 91°

Winkel zeichnen

1 Zeichne folgende Winkel wie im Beispiel.

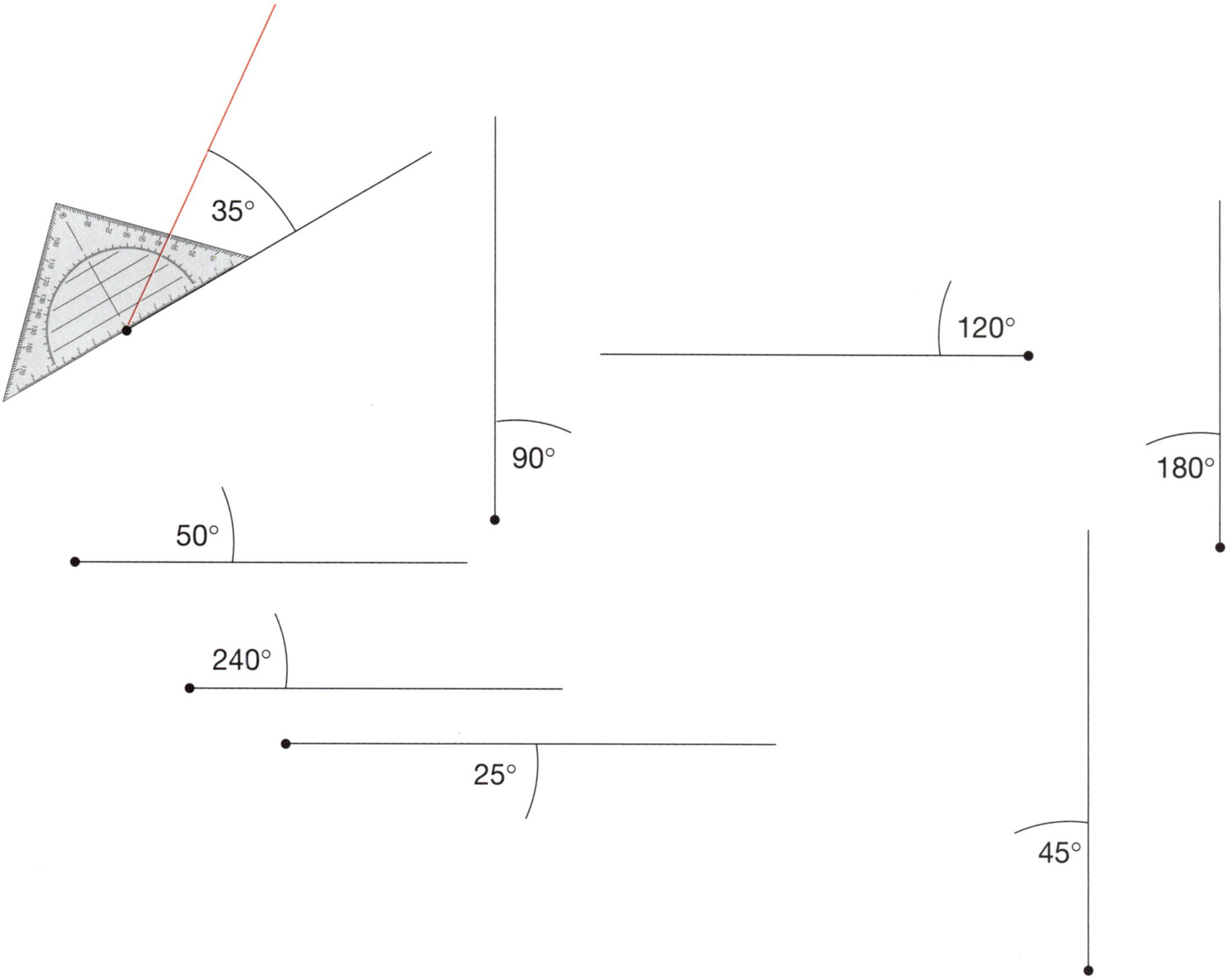

2 Der Hase schlägt Haken. Zeichne seinen Weg zur Karotte.

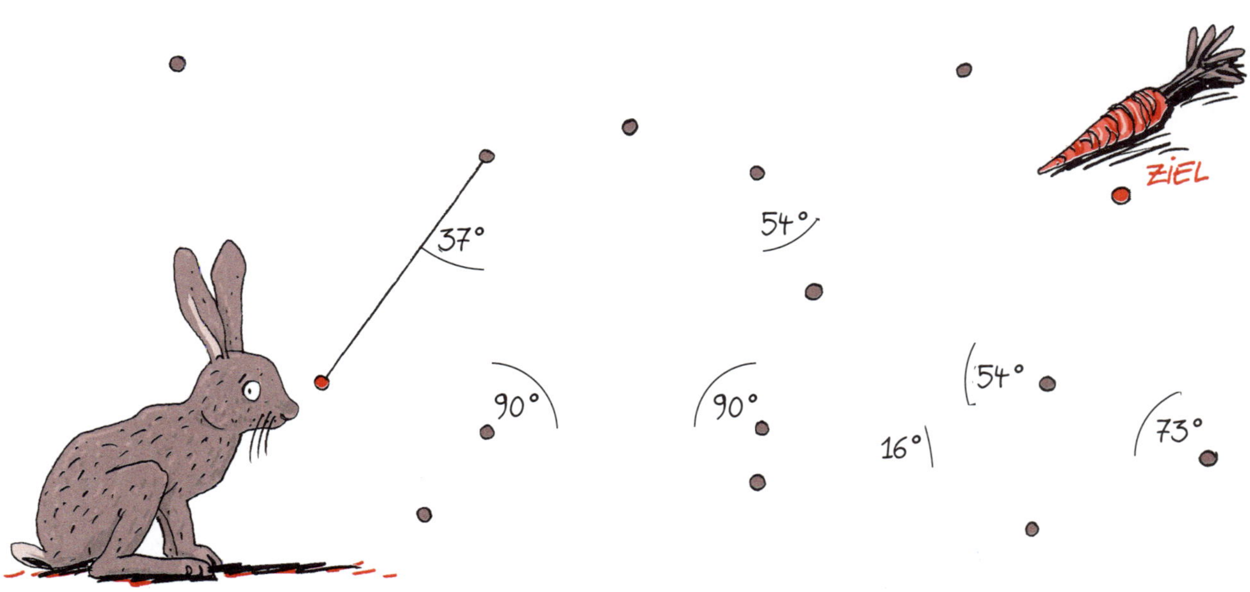

Mach dich fit!

1 a) Gib Radius und Durchmesser des vorgegebenen Kreises an.

r = ________ d = ________

b) Zeichne um denselben Mittelpunkt Kreise mit d = 6 cm und d = 5 cm.
Wie groß ist jeweils der Radius?

r = ________ r = ________

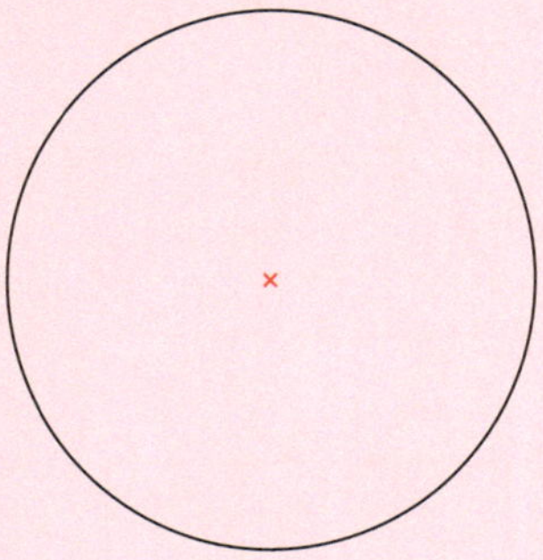

2 Benenne die Figuren und zeichne Symmetrieachsen ein.

(1) ______________________ (2) ______________________

(3) ______________________ (4) ______________________

(5) ______________________ (6) ______________________

(7) ______________________ (8) ______________________

3 Gib die Größe der Winkel an und benenne sie.

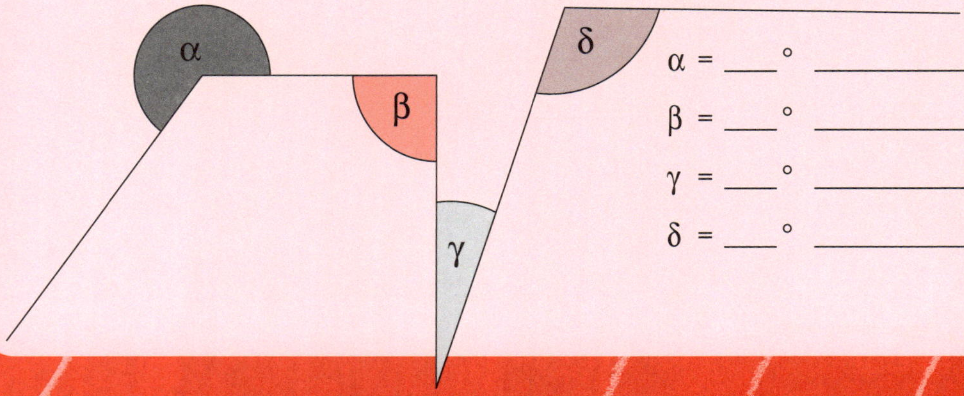

α = ___° ______________________

β = ___° ______________________

γ = ___° ______________________

δ = ___° ______________________

Umfang und Flächeninhalt von Rechteck und Quadrat

1 Bestimme den Flächeninhalt A und den Umfang u.

> Flächeninhalt A = Flächeninhalt eines Streifens mal Anzahl der Streifen
> Umfang u = Summe aller Seitenlängen

a)

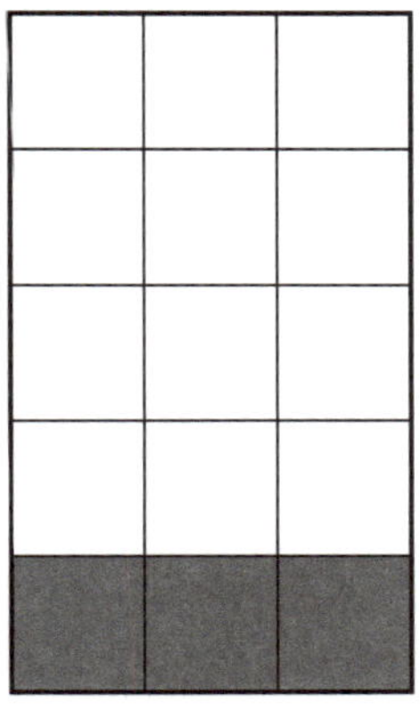

b)

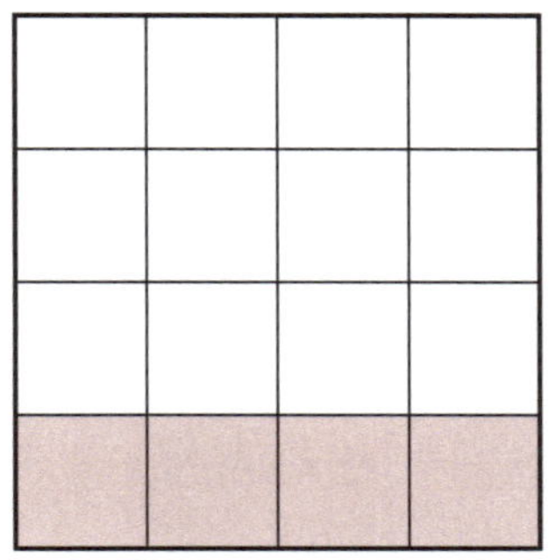

c)

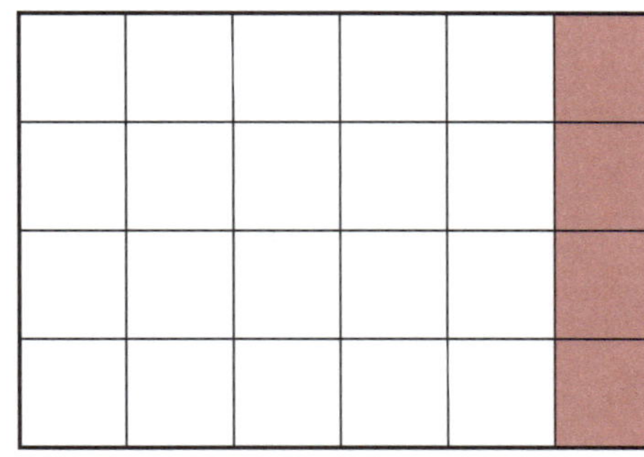

2 Bestimme Flächeninhalt und Umfang der Rechtecke. Entnimm die Maße der Zeichnung.

a)

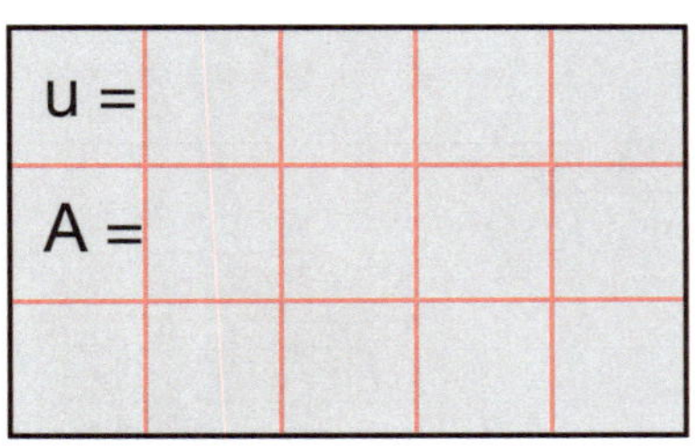

b)

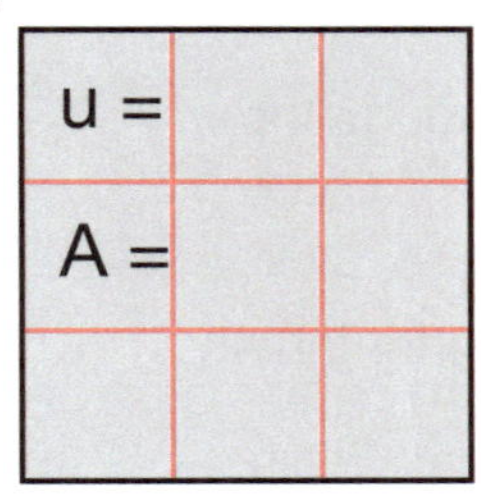

c)

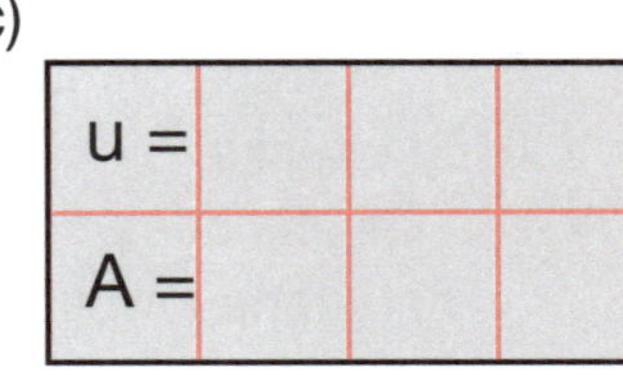

3 Berechne die fehlende Größe und trage sie in die Tabelle ein.

	a)	b)	c)	d)	e)	f)	g)
Fl. des Streifens	6 cm²	8 cm²	12 cm²		15 cm²		10 cm²
Anz. der Streifen	9		10	12	15	8	
Flächeninhalt		56 cm²		60 cm²		24 cm²	50 cm²

4 Aus einer 100 cm langen Bilderleiste werden rechteckige Bilderrahmen hergestellt. Gib drei verschiedene Möglichkeiten an und berechne den Flächeninhalt der Bilderrahmen.

(1) a = ___ cm; b = ___ cm; A = _____ cm²

(2) a = ___ cm; b = ___ cm A = _____ cm²

(3) a = ___ cm; b = ___ cm A = _____ cm²

Umfang und Flächeninhalt von Rechteck und Quadrat

1 In Merles Zimmer wird ein Korkboden verlegt. Wie viel m^2 Kork werden benötigt?

a) Miss aus der Zeichnung die Länge und Breite des Zimmers (1 cm ≙ 1 m).

a = _____ m; b = _____ m

b) Berechne den Flächeninhalt A. A = _____ m^2

Merles Zimmer

2 Berechne den Umfang und den Flächeninhalt der Rechtecke mit den Seiten a und b.

a) a = 8 cm
b = 10 cm

u = _____ cm

A = _____ cm^2

b) a = 18 cm
b = 4 cm

u = _____ cm

A = _____ cm^2

c) a = 12 cm
b = 12 cm

u = _____ cm

A = _____ cm^2

3 Welcher Klassenraum hat den größten Flächeninhalt? ______________________

a) Klasse 6a
Länge = 10 m
Breite = 5 m

A = __________

Klasse 6b
Länge = 9 m
Breite = 6 m

A = __________

Klasse 6c
Länge = 11 m
Breite = 4 m

A = __________

4 Familie Frede plant die Bebauung ihres Grundstücks.

a) Lies aus der Zeichnung die Maße ab und berechne jeweils den Flächeninhalt.

Haus: Länge: ____ m; Breite: ____ m
Flächeninhalt: __________ m^2

Garage: Länge: ____ m; Breite: ____ m
Flächeninhalt: __________ m^2

Terrasse: Länge: ____ m; Breite: ____ m
Flächeninhalt: __________ m^2

Grundstück: Länge: ____ m; Breite: ____ m
Flächeninhalt: __________ m^2

b) Wie viel m^2 Grundstücksfläche werden insgesamt bebaut? __________ m^2

Wie viel m^2 bleiben für die Restfläche übrig? __________ m^2

c) Wie groß ist der Umfang des Grundstücks? __________ m^2

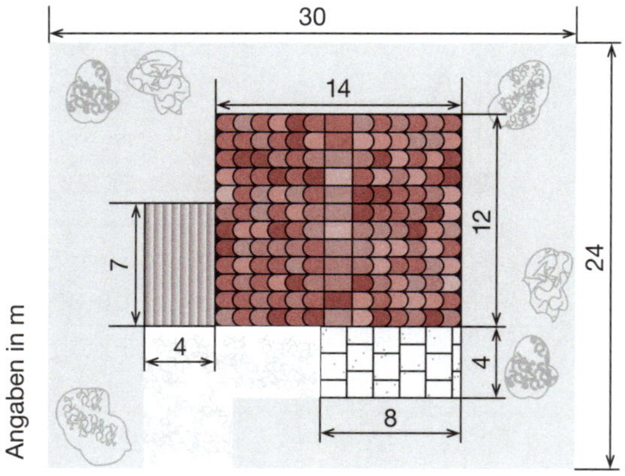

Hier kannst du rechnen.

Kleine Flächeneinheiten

1 Trage in das Haus die Flächeneinheiten ein und schreibe in der angegebenen Einheit.

Kleine Flächeneinheiten

m^2		dm^2		cm^2		mm^2	

a) $23\ m^2\ 7\ dm^2$ = ___ m^2 = ___ dm^2

b) $3\ dm^2\ 45\ cm^2$ = ___ cm^2 = ___ dm^2

c) $74\,035\ cm^2$ = ___ dm^2 = ___ m^2

d) $62\,097\ mm^2$ = ___ cm^2 = ___ dm^2

e) $109\ dm^2$ = ___ m^2 = ___ cm^2

f) $938\ m^2$ = ___ dm^2 = ___ cm^2

2 Wandle in die angegebene Flächeneinheit um.

a) in dm^2

$600\ cm^2$ = ___

$60\ cm^2$ = ___

$4\ cm^2$ = ___

$4{,}75\ m^2$ = ___

$0{,}09\ m^2$ = ___

b) in cm^2

$4{,}32\ m^2$ = ___

$7200\ mm^2$ = ___

$0{,}083\ m^2$ = ___

$6{,}47\ dm^2$ = ___

$8\ m^2$ = ___

3 a) Wandle in die nächstgrößere Einheit um.

$7215\ mm^2$ = ___

$8{,}672\ cm^2$ = ___

$9{,}006\ dm^2$ = ___

$740{,}8\ mm^2$ = ___

b) Wandle in die nächstkleinere Einheit um.

$77\,000\ cm^2$ = ___

$0{,}095\ dm^2$ = ___

$12\,045\ m^2$ = ___

$0{,}098\ cm^2$ = ___

4 Beachte die Flächeneinheiten. Gib das Ergebnis in der größeren Flächeneinheit an.

a) $17\ dm^2 + 20\ cm^2$
$84\,070\ mm^2 + 62\,430\ cm^2$
$9235\ cm^2 - 87\ dm^2$

b) $72{,}84\ m^2 - 6900\ dm^2$
$30{,}74\ m^2 + 26{,}8\ dm^2$
$47{,}35\ cm^2 - 2810\ mm^2$

c) $73{,}085\ cm^2 - 690\ mm^2$
$960{,}7\ m^2 + 58\,300\ cm^2$
$745{,}35\ cm^2 - 5{,}918\ dm^2$

5 Klebebandrollen werden in verschiedenen Größen hergestellt. Berechne, welche Fläche mit einer Rolle lückenlos beklebt werden kann. Gib den Flächeninhalt in m^2 und dm^2 an.

a) Länge: 66 m
Breite: 50 mm
___

b) Länge: 33 m
Breite: 38 mm
___

c) Länge: 45 m
Breite: 100 mm
___

Große Flächeneinheiten

1 Wandle in die angegebene Einheit um.

$1\ km^2 = 100\ ha$
$1\ ha = 100\ a$
$1\ a = 100\ m^2$
Umwandlungszahl 100

a) $600\ m^2$ = ________ a
$850\ km^2$ = ________ ha
75 000 ha = ________ km^2

b) 7200 a = ________ ha
56 050 a = ________ ha
$9700\ m^2$ = ________ a

2 a) Wandle in die nächstgrößere Einheit um.

775 ha = ________
11 ha = ________
81 200 a = ________
17,4 a = ________

b) Wandle in die nächstkleinere Einheit um.

$7{,}423\ km^2$ = ________
95 a = ________
0,098 ha = ________
0,03 a = ________

3 Wandle nacheinander um.

a) $23\,000\,000\ m^2$ = ________ a = ________ ha = ________ km^2
b) $45\ km^2$ = ________ ha = ________ a = ________ m^2
c) $7{,}05\ km^2$ = ________ ha = ________ a = ________ m^2

4 Trage ein und schreibe mit Komma.

$12\ km^2\ 5\ ha\ 40\ a = 12{,}0540\ km^2 = 1205{,}40\ ha$

a) $8\ km^2$ 40 ha 79 a = ________ ha = ________ a
b) $37\ km^2$ 7 ha 42 a = ________ km^2 = ________ ha
c) 7 ha 3 a 1 m^2 = ________ ha = ________ m^2

km^2		ha		a		m^2	
1	2	0	5	4	0		

5 Berechne den Flächeninhalt der Spielfelder und gib in ha und a an.

a) Fußballfeld
Länge = 110 m
Breite = 80 m

b) Völkerballfeld
Länge = 36 m
Breite = 18 m

c) Volleyballfeld
Länge = 18 m
Breite = 9 m

6 Eine 100-jährige Buche hat etwa 200 000 Blätter. Ein Blatt hat im Durchschnitt $50\ cm^2$ Flächeninhalt.

a) Berechne den Flächeninhalt aller Blätter und gib das Ergebnis in m^2 an. ________
b) Wie viele Buchen sind erforderlich, um ein Stadion von 1 ha Flächeninhalt mit ihren Blättern zu bedecken? ________

MACH DICH FIT!

1 a) Miss die Seitenlänge und beschrifte die Gegenstände.

b) Berechne den Umfang und den Flächeninhalt der beiden Gegenstände.

(1) u = _____ A = _____ (2) u = _____ A = _____

2 Wandle in die angegebenen Einheiten um.

a) $23\ m^2\ 15\ dm^2$ = ____________ m^2

$7\ dm^2\ 8\ cm^2$ = ____________ cm^2

$53\ mm^2\ 9\ cm^2$ = ____________ mm^2

b) 90 ha 15 a = ____________ ha

$800\ a\ 7\ m^2$ = ____________ m^2

$2\ a\ 75\ m^2$ = ____________ a

3 Wandle in die kleinste Einheit um und berechne.

a) $7{,}04\ m^2 + 268\ cm^2$ b) $69\ m^2 + 509\ dm^2$ c) $75\ km^2 - 3450\ ha$

4 In einem Baumarkt gibt es Fliesen der Größe 15 cm × 15 cm. Die Fliesen werden nur in Paketen zu je 20 Stück abgegeben. Wie viel m^2 Fliesen enthält ein Paket?

____

5 In einem Freizeitpark wird ein Schachbrett aus Marmorplatten angelegt.

a) Wie viel m^2 misst das Schachbrett? __________ m^2

b) Ein m^2 geschliffener Marmor kostet 64,35 €. Wie viel € kosten die Marmorplatten für das Schachbrett? __________ €

c) Für das Verlegen der Platten werden 295 € berechnet. Wie teuer wird das Schachbrett insgesamt? __________ €

Brüche und Dezimalbrüche

1 Trage in die Stellenwerttafel ein und schreibe als Dezimalbruch.

	H	Z	E	z	h	t	
	100	10	1	$\frac{1}{10}$	$\frac{1}{100}$	$\frac{1}{1000}$	
$3 + \frac{4}{100} + \frac{8}{1000}$			3	0	4	8	3,048
a) $6 + \frac{7}{10} + \frac{6}{100}$							
b) $204 + \frac{2}{10} + \frac{7}{100} + \frac{7}{1000}$							
c) $12 + \frac{8}{100} + \frac{5}{1000}$							
d) $\frac{9}{10} + \frac{6}{100} + \frac{4}{1000}$							
e) $1 + \frac{4}{10} + \frac{8}{1000}$							
f) $\frac{3}{100} + \frac{1}{1000}$							

2 Schreibe wie im Beispiel. $0{,}63 = \frac{6}{10} + \frac{3}{100}$

a) 0,23 = ____________ b) 0,12 = ____________ c) 0,7 = ____________

d) 0,02 = ____________ e) 0,007 = ____________ f) 0,604 = ____________

3 Schreibe als Dezimalbruch. $6\frac{7}{100} = 6{,}07$

a) $8\frac{9}{100}$ = __________ b) $34\frac{5}{100}$ = __________ c) $4\frac{2}{1000}$ = __________

d) $109\frac{24}{1000}$ = __________ e) $23\frac{34}{100}$ = __________ f) $\frac{64}{100}$ = __________

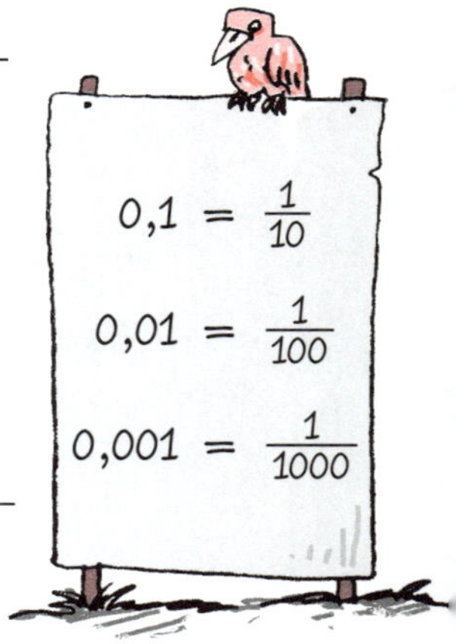

4 Schreibe wie im Beispiel. $5{,}13 = 5\frac{13}{100}$

a) 3,27 = __________ b) 34,69 = __________ c) 7,03 = __________

d) 80,03 = __________ e) 1,5 = __________ f) 16,371 = __________

g) 35,126 = __________ h) 0,45 = __________ i) 0,79 = __________

5 a) Beschrifte die markierten Zahlen wie im Beispiel.

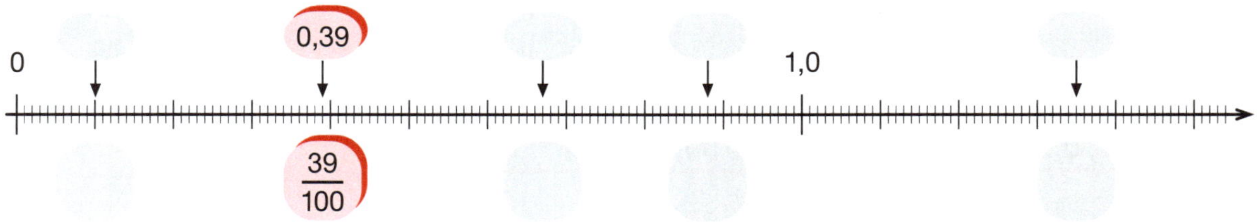

b) Trage folgende Zahlen wie im Beispiel oben ein: 0,27 1,56 $\frac{75}{100}$ 0,03 1,2 $\frac{5}{10}$

Dezimalbrüche vergleichen

1 Vergleiche. Setze > oder <.

a) 2,803 ☐ 2,308
4,126 ☐ 4,621
0,012 ☐ 0,003

b) 4,61 ☐ 4,67
8,100 ☐ 8,20
0,041 ☐ 0,04

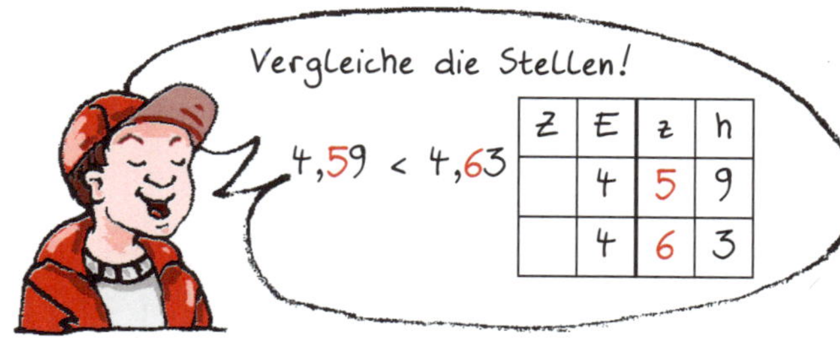

2 Ordne der Größe nach.

a) 1,308; 1,030; 1,380; 1,338: ______________________________

b) 0,7132; 0,1731; 0,1774; 0,7213: ______________________________

c) 0,0561; 0,0651; 0,6051; 0,0516: ______________________________

3 Ordne die Preise den abgewogenen Bananen zu. Schreibe auf die Preisschilder.

1,95 €; 1,35 €; 0,53 €; 1,18 €; 2,18 €

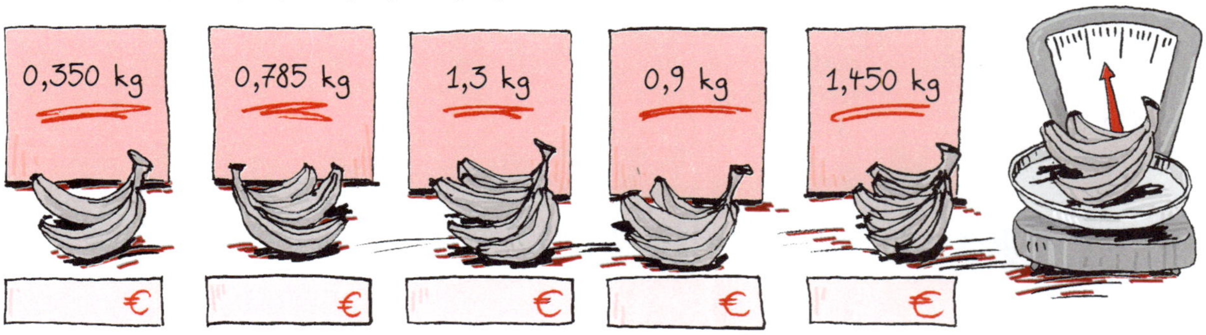

4 a) Beschrifte die gekennzeichneten Dezimalbrüche.

b) Trage ein: 0,445; 0,513; 0,487; 0,465; 0,412

5 Kürze so weit wie möglich. 3,400 = 3,4

a) 12,600 = __________
b) 6,170 = __________
c) 0,500 = __________
d) 6,080 000 = __________
e) 0,10 001 = __________
f) 40,02 990 = __________

6 Alle drei Zahlen sollen gleich viele Kommastellen haben. Erweitere oder kürze.

0,47; 0,3681; 11,600000 → 0,4700; 0,3681; 11,6000

a) 4,320 000; 5,9; 5,0003 → ______________________________

b) 7,301; 113,4; 0,8000 → ______________________________

Dezimalbrüche runden

1 Runde auf Zehntel.

aufrunden:
7,498 ≈ 7,5
abrunden:
7,437 ≈ 7,4

a) 8,24 ≈ ________
19,683 ≈ ________
0,45 ≈ ________
1,30 ≈ ________

b) 6,814 ≈ ________
0,09 ≈ ________
1,98 ≈ ________
4,670 ≈ ________

2 Runde die Dezimalstellen.

	14,4681	21,98624	0,925803	1,70915
auf Einer				
auf Zehntel				
auf Hundertstel				
auf Tausendstel				

3 Runde die Dezimalbrüche auf Hundertstel und verbinde mit der Lösung.

0,78356 | 0,8705 | 0,889 | 1,78356 | 1,8809 | 0,785

1,78 | 0,78 | 0,87 | 0,89 | 0,79 | 1,88

4 Runde auf ganze Euro.

a) 6,21 € ≈ ________
17,47 € ≈ ________

b) 8,60 € ≈ ________
10,93 € ≈ ________

c) 0,84 € ≈ ________
2,10 € ≈ ________

5 Rund auf ganze Kilogramm.

a) 120,64 kg ≈ ________
3,654 kg ≈ ________

b) 40,068 kg ≈ ________
6,379 kg ≈ ________

c) 0,800 kg ≈ ________
1,199 kg ≈ ________

6 Schreibe die Einwohnerzahlen der Bundesländer in Millionen mit zwei Stellen hinter dem Komma. 7 056 349 ≈ 7,06 Mio

Baden-Württemberg 10 476 403 ≈ ________
Bayern 12 155 402 ≈ ________
Bremen 663 660 ≈ ________
Sachsen 4 460 896 ≈ ________
Nordrhein-Westfalen 18 000 897 ≈ ________
Hessen 6 052 408 ≈ ________
Niedersachsen 7 899 563 ≈ ________

Dezimalbrüche addieren und subtrahieren

1

a) 6,9 + 7,8 b) 45,36 + 28,14 c) 10,108 + 6,034 d) 101,7 + 5,03

2

a) 12,3 − 8,1 b) 35,61 − 14,78 c) 71,368 − 0,107 d) 200,39 − 99,909

3 Schreibe genau untereinander und addiere.

a) 36,4 + 17,7 b) 3,57 + 0,18
c) 14,73 + 18,008 d) 4,361 + 17,49
e) 10,61 + 15 f) 46,7 + 0,1 + 17,64

4 Schreibe genau untereinander und subtrahiere.

a) 66,95 − 15,43 b) 17,06 − 10,68 c) 178,321 − 24,68
d) 46,73 − 4,9 e) 342,3 − 27,179 f) 938,4 − 80

5 Ergänze die Lücken.

a) 7,9 + ☐ = 14,3 b) 0,4 + ☐ = 11,8 c) ☐ − 6,8 = 3,4
d) ☐ − 36,3 = 48,5 e) ☐ + 14,85 = 24,43 f) 78,91 − ☐ = 50,9

6 a) Welche Zahlenpaare ergeben die Summe 56,9? Kreise mit gleicher Farbe ein.

45,8 46,3 54,45 36,9 56,05
10,6 0,85 11,1 2,45 20

b) Welche Zahlenpaare ergeben die Differenz 21,3? Kreise mit gleicher Farbe ein.

28,1 30,45 121,2 45,8
24,5 99,9 6,8 78,46 9,15 57,16

7 Addiere die Zahlen in den Tieren. Du erhältst das Gewicht des jeweiligen Tieres.

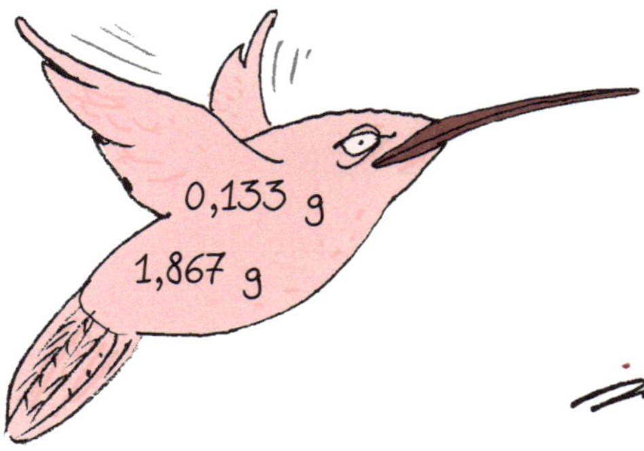

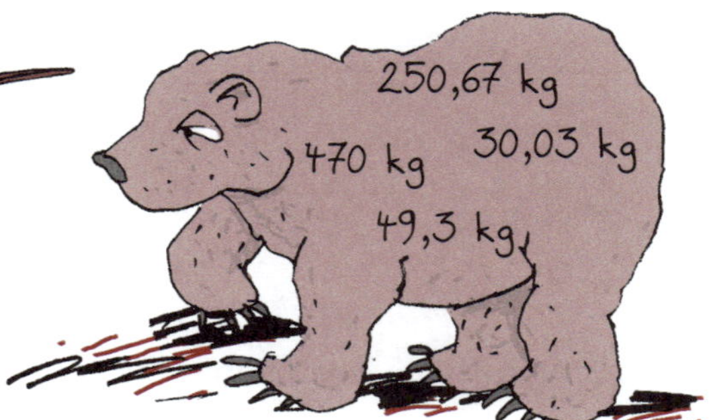

a) ____________ b) ____________ c) ____________

Sachaufgaben zum Addieren und Subtrahieren von Dezimalbrüchen

1 Herr Neubert hat sein Schlafzimmer mit einem neuen Teppichboden ausgelegt. Er möchte noch eine hölzerne Randleiste befestigen. Wie viel Meter muss er mindestens kaufen?

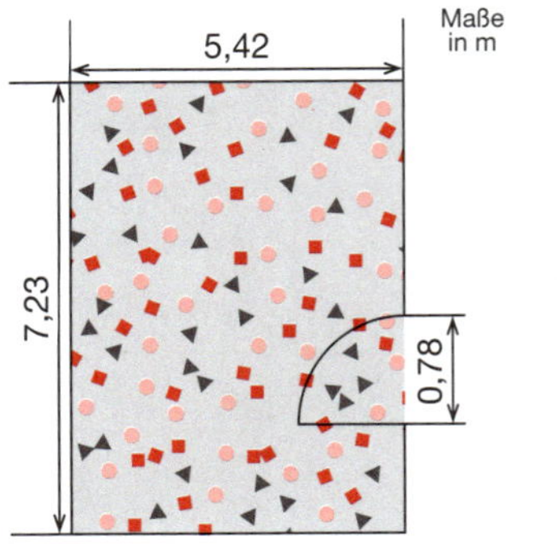

Antwort: ______________________________

2 Frau Schröder hat ihr Esszimmer mit Fertigparkett auslegen lassen. Die Randleiste möchte sie selbst befestigen. Wie viele Meter muss sie mindestens kaufen?

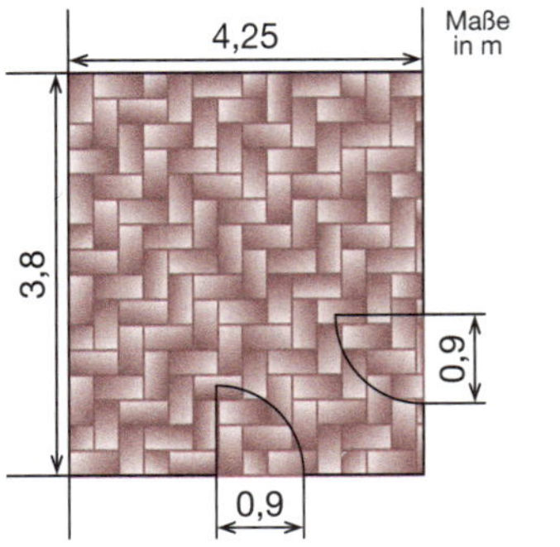

Antwort: ______________________________

3 Lena möchte sich ein neues Aquarium kaufen. Es wiegt leer 13,6 kg. Die Einrichtung wiegt 5,7 kg und das Wasser 78,2 kg.

a) Berechne das Gesamtgewicht.

b) Der Tisch, auf den Lena ihr Aquarium stellen möchte, kann nur mit 100 kg belastet werden. Kann Lena dieses Aquarium kaufen?

4 Dario ist 1,42 m groß und wiegt 46,9 kg. Sein Mitschüler Fred ist 1,55 m groß und wiegt 39,3 kg. Berechne Größen- und Gewichtsunterschied.

Antwort: ______________________________

____

5 Birgit wiegt 34,6 kg. Ihre Schwester Melanie ist 10,8 kg schwerer als sie und 35,9 kg leichter als der Vater. Mutter und Vater wiegen zusammen 145,1 kg. Wie viel wiegt die Mutter?

Antwort: ______________________________

____

Dezimalbrüche mit einer natürlichen Zahl multiplizieren

1 Rechne im Kopf.

a) 1,3 · 6 = ______
2,4 · 2 = ______
4,1 · 8 = ______

b) 0,2 · 3 = ______
5 · 0,3 = ______
0,8 · 6 = ______

c) 1,5 · 4 = ______
7 · 2,3 = ______
3,2 · 5 = ______

2 a) 3,47 · 12 b) 56,43 · 25

```
6,21 · 31   → zwei Dezimalstellen in der Rechnung
  1863
+  1621
 192,51    → zwei Dezimalstellen im Ergebnis
```

c) 81,3 · 17 d) 40,4 · 21 e) 32,06 · 34 f) 6,71 · 59

3 a) 56,93 · 5
104,8 · 7
71,8 · 3

b) 4,971 · 45
56,8 · 17
48,2 · 61

c) 67,02 · 671
1,6 · 902
5,4 · 204

d) 0,004 · 72
0,803 · 85
0,702 · 9

4 Kreuze das richtige Ergebnis an.

a) 34,012 · 23
☐ 78 227,6
☐ 7822,76
☐ 782,276

b) 12,03 · 56
☐ 67 368
☐ 6736,8
☐ 673,68

5

Multipliziere	3,69	12,052	0,003	1,7632
a) mit 10				
b) mit 100				
c) mit 1000				

6 a) Addiere zum Produkt der Zahlen 307,91 und 48 die Zahl 0,32.

b) Multipliziere das Produkt der Zahlen 5 und 98,04 mit der Zahl 200.

Dezimalbrüche multiplizieren

1

a) 47,1 · 2,62   b) 18,53 · 9,13

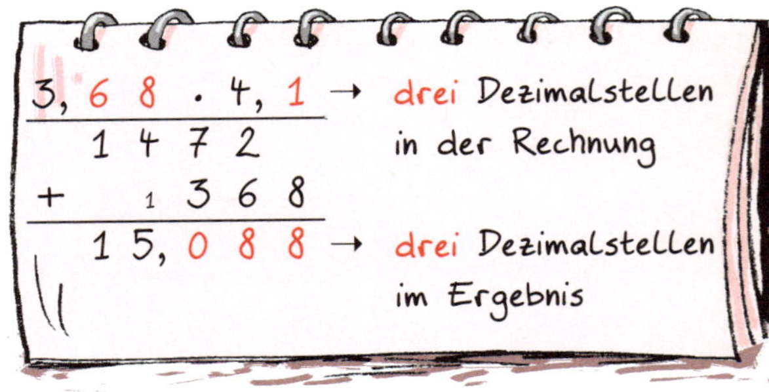

c) 28,3 · 4,71   d) 123,68 · 3,4   e) 0,306 · 12,47

2

a) 5,76 · 23,1
3,84 · 2,05
1,5 · 45,2

b) 9,03 · 5,1
0,763 · 2,64
6,301 · 4,2

c) 16,32 · 6,1
4,771 · 3,08
100,219 · 4,12

d) 0,11 · 2,41
9,08 · 0,32
15,54 · 0,03

3 Rechne im Kopf.

a) 0,3 · 0,5 = ____________   b) 1,3 · 1,3 = ____________   c) 2,1 · 0,3 = ____________

0,2 · 0,4 = ____________   b) 1,2 · 0,5 = ____________   c) 1,3 · 0,4 = ____________

4 Setze im Ergebnis das Komma an die richtige Stelle. Überschlage zuerst.

a) 47,1 · 3,987 = 1877877   b) 9,5 · 300,2 = 28519

c) 0,305 · 14,09 = 429745   d) 11,05 · 5,06 = 55913

5

a) 764,3 · 5,2 = ____________
76,43 · 5,2 = ____________
76,43 · 0,52 = ____________

b) 140,3 · 0,02 = ____________
1403 · 0,002 = ____________
14,03 · 0,02 = ____________

c) 200,04 · 60,8 = ____________
20,004 · 60,8 = ____________
2000,4 · 60,8 = ____________

d) 12,005 · 456 = ____________
120,05 · 4,56 = ____________
12,005 · 45,6 = ____________

6 Setze <, > oder =.

a) 4,400 · 0,3300 ☐ 0,44 · 0,33   b) 5,05 · 0,3 ☐ 0,505 · 3

c) 3,1 · 3,1 ☐ 3,01 · 3,01   d) 0,400 · 0,200 ☐ 4,00 · 0,2

Dezimalbrüche durch eine natürliche Zahl dividieren

1

a) 1 2, 8 4 : 6 =

b) 5 4, 4 : 1 7 =

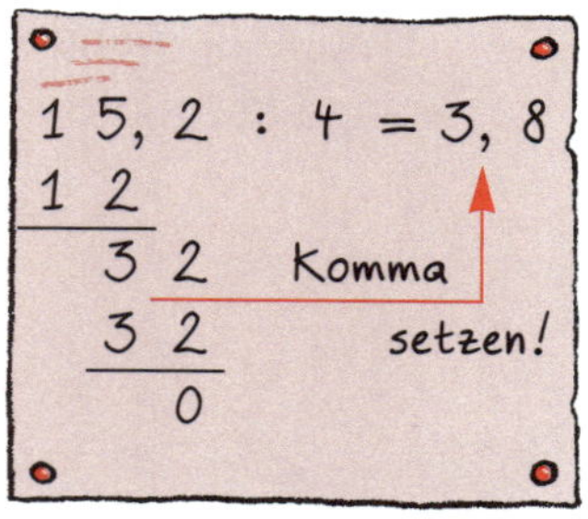

c) 1 4, 9 1 : 7 =

d) 2 0, 7 : 6 =

e) 3 1, 2 : 5 =

2

a)	b)	c)	d)
46,8 : 3	117,26 : 26	1,92 : 6	91,8 : 36
50,4 : 9	138,08 : 16	3,85 : 7	283,8 : 15
19,2 : 6	221,235 : 35	5,22 : 9	79,8 : 24
66,4 : 8	47,334 : 23	1,98 : 3	67,4 : 16

3

a) 32,4 : 4 = ______
25,5 : 5 = ______
16,8 : 2 = ______

b) 27,27 : 3 = ______
30,18 : 6 = ______
60,12 : 12 = ______

c) 49,21 : 7 = ______
19,19 : 19 = ______
18,36 : 6 = ______

4 Gib jeweils das Ergebnis an.

a) 23,4 : 6 = ____________
2,34 : 6 = ____________
0,234 : 6 = ____________

b) 16,2 : 3 = ____________
162 : 3 = ____________
1,62 : 3 = ____________

c) 41,6 : 8 = ____________
4,16 : 8 = ____________
0,416 : 8 = ____________

5

Dividiere	238,91	12,52	70	1753,2
a) durch 10				
b) durch 100				
c) durch 1000				

6

a) Rabia kauft 5 kg Birnen für 8,75 €. Wie teuer ist ein Kilogramm?
b) Erkan kauft 7 kg Äpfel für 11,20 €. Wie teuer ist ein Kilogramm?

Antwort:

____

____

____

Sachaufgaben zum Multiplizieren und Dividieren von Dezimalbrüchen

1 Frau Kölle wandert mit einem Schrittzähler. Heute zeigt er 11 600 Schritte an. Ihre Schrittlänge beträgt durchschnittlich 0,75 m. Wie weit ist Frau Kölle gewandert?

Antwort: ______________________

____

2 In einem Regal der Schule stehen 105 Mathematikbücher. Ein Buch ist ungefähr 1,2 cm dick.

a) Wie viel Platz brauchen die Bücher?

b) In einem Regalfach sind noch 24 cm frei. Kann man die restlichen 17 Mathematikbücher noch in dieses Regal stellen?

Antwort: ______________________

____

____

3 Wie viel Euro kosten jeweils die angegebenen Stoffmengen? Ergänze die Tabelle.

	3,8 m	4,5 m	1,45 m
Futterstoff			
Frottee			
Satin			

4 In einem Supermarkt wird ein Geschirrspülmittel für die Spülmaschine in verschieden großen Packungen angeboten. Welche Packung ist günstiger? Vergleiche dazu den Preis.

Antwort: ____

5 Aktien werden oft zu 100 Stück angeboten. Ergänze die Tabelle.

1 Aktie	2,55 €	0,86 €			123,60 €
100 Aktien			2250 €	5680 €	

MACH DICH FIT!

1 Ergänze. Schreibe auf drei Arten.

a) $8 + \frac{4}{10} + \frac{3}{100}$

b) ______

c) ______

d) ______

e) $\frac{5}{10} + \frac{8}{100}$

f) ______

H	Z	E	z	h	t	
100	10	1	$\frac{1}{10}$	$\frac{1}{100}$	$\frac{1}{1000}$	
	1	3	7	0	4	
						4,68
			3	0	7	
						100,64

2 Ordne der Größe nach.

a) 4,605; 4,060; 4,560; 4,665: ______

b) 0,8203; 0,2803; 0,2883; 0,8002: ______

3 Trage ein: 0,45; $\frac{71}{100}$; 1,32; 0,9; $\frac{2}{10}$; 1,18

0 0,5 1 1,5

4 a) Runde auf Zehntel.

4,48 = ______

1,31 = ______

b) Runde auf Hundertstel.

b) 14,1543 = ______

7,006 = ______

5 Schreibe genau untereinander und berechne.

a) 145,478 + 33,18

b) 976,3 − 17,47

6 Sandra hat noch 15 € Taschengeld. Sie verbraucht nacheinander 2,45 €, 1,98 € und 9,50 €. Wie viel Euro hat sie noch übrig?

Antwort: ______

______

MACH DICH FIT!

7 a) 3,14 · 10 = ______ b) 4,73 · 1000 = ______

c) 0,034 · 100 = ______ d) 1000 · 1,004 = ______

8 a) 7,91 · 13 b) 0,604 · 21 c) 17,9 · 0,18

9 Hier fehlt im Ergebnis das Komma. Setze es an die richtige Stelle.

a) 36,34 · 1,6 = 5 8 1 4 4 b) 117,003 · 4,68 = 5 4 7 5 7 4 0 4

c) 1,9 · 0,003 = 0 0 0 5 7 d) 0,501 · 50,1 = 2 5 1 0 0 1

10 a) 66,24 : 18 = b) 32,27 : 7 =

c) 1,44 : 3 = d) 81,6 : 15 =

11 Briefmarken werden oft in Zehner- oder Hunderterbögen verkauft.
Berechne den Wert einer Briefmarke.

Zehnerbogen	5,60 €	0,50 €
Eine Marke		

Hunderterbogen	5,1 €	153 €
Eine Marke		

12 a) Frau Steib mietet eine neue Wohnung mit 55 m^2 Wohnfläche. Sie muss 5,30 € pro m^2 bezahlen. Wie hoch ist die Miete?

b) Herr Schmidt lebt in einer Wohnung mit 75 m^2 Wohnfläche. Er bezahlt 427,50 € Miete. Wie teuer ist ein m^2?

Antwort: a) ______

______

b) ______

______

Rauminhalte vergleichen

1 Je zwei der Quader bestehen aus gleich vielen Würfeln. Verbinde sie mit einer Linie und schreibe an die Linie die Anzahl der Würfel.

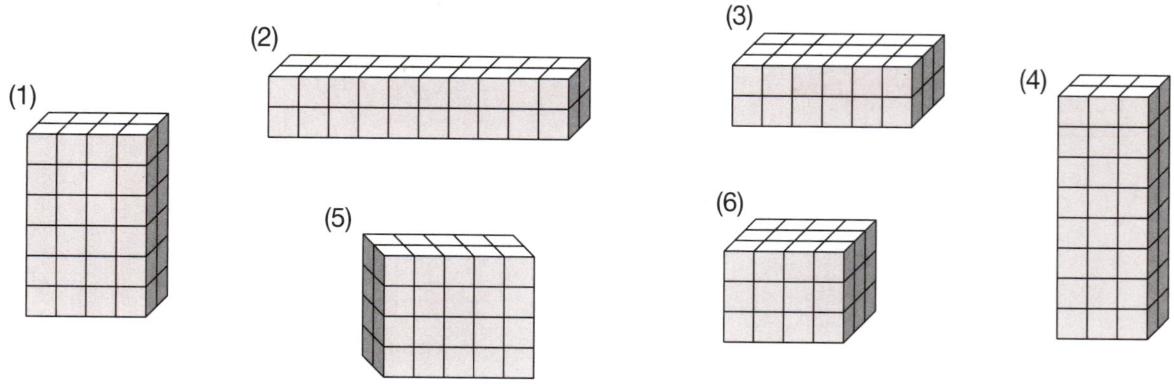

2 a) Es sollen Quader entstehen. Wie viele Würfel fehlen mindestens?

(1) ____________ (2) ____________ (3) ____________

b) Gib den Rauminhalt des entstehenden Quaders an.

(1) ____________ (2) ____________ (3) ____________

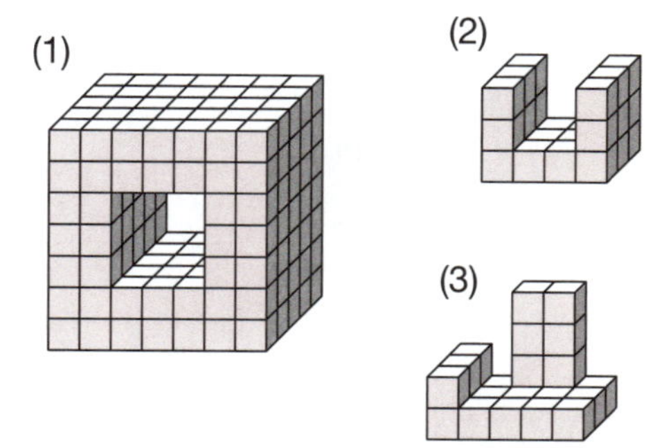

3 Aus 48 Würfeln lassen sich verschiedene Quader bauen. Vervollständige die angefangenen Schrägbilder. Schreibe die Maße an die fertige Zeichnung.

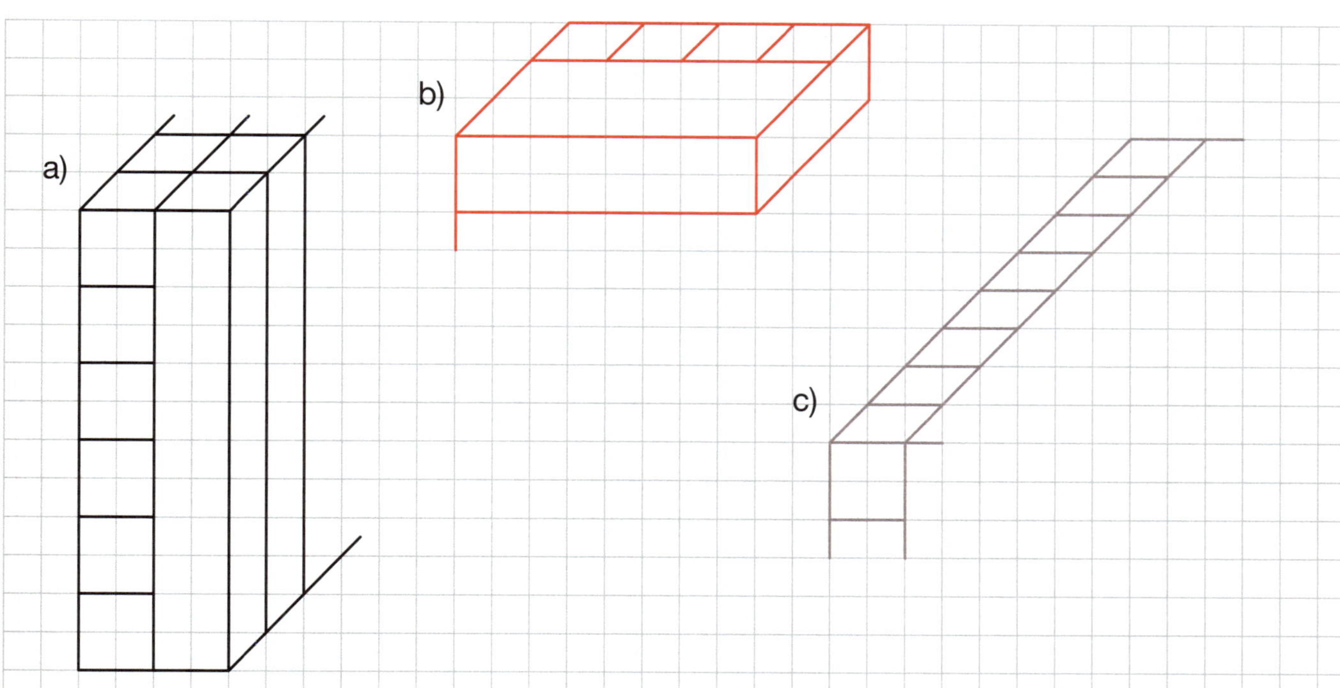

Raumeinheiten umwandeln

1 Wandle in die angegebene Raumeinheit um. Verwende das Größenhaus.

$1\ m^3 = 1000\ dm^3$
$1\ dm^3 = 1000\ cm^3$
$1\ cm^3 = 1000\ mm^3$
Umwandlungszahl 1000

	m^3	dm^3	cm^3		
a) 8000 cm^3		8	000	=	8 dm^3
b) 15 400 cm^3				=	dm^3
c) 80,3 dm^3				=	cm^3
d) 6500 mm^3				=	cm^3
e) 60,85 dm^3				=	m^3
f) 2,90 m^3				=	dm^3

2 Wandle in die nächstgrößere Einheit um.

a) 6305 mm^3 = ____________
80,43 cm^3 = ____________
5,06 dm^3 = ____________
0,05 mm^3 = ____________

b) 46 000 cm^3 = ____________
0,052 dm^3 = ____________
27 309 mm^3 = ____________
0,026 cm^3 = ____________

3 Wandle wie im Beispiel um. 16 400 dm^3 = 16 m^3 400 dm^3

a) 175 320 dm^3 = ____________
70 321 mm^3 = ____________
210 328 cm^3 = ____________

b) 205 026 dm^3 = ____________
702 005 cm^3 = ____________
602 005 dm^3 = ____________

4

a) 43 m^3 = ____________ dm^3
82 000 cm^3 = ____________ dm^3

b) 0,7 dm^3 = ____________ m^3
36 mm^3 = ____________ cm^3

c) 9 dm^3 17 cm^3 = ____________ dm^3
38 cm^3 25 mm^3 = ____________ cm^3

d) 10 m^3 500 dm^3 = ____________ m^3
92 dm^3 7 cm^3 = ____________ dm^3

5 Wandle wie im Beispiel um. 6240 ml = 6,240 *l*

$1\ dm^3 = 1\ l$
1 hl = 100 l
1 l = 1000 ml

a) 2028 ml = ____________ *l*
6410 *l* = ____________ hl

b) 6,25 m^3 = ____________ *l*
9065 *l* = ____________ m^3

c) 0,625 hl = ____________ *l*
3,05 *l* = ____________ ml

d) 35,2 *l* = ____________ hl
500 ml = ____________ *l*

6 Ein Tankwagen mit Heizöl hat ein Fassungsvermögen von 25,800 m^3. Er beliefert nacheinander mehrere Kunden mit 8560 *l*, 5045 *l*, 10 280 *l*, 1290 *l*. Wie viel *l* kann er noch ausliefern?

____

Rauminhalt von Quader und Würfel berechnen

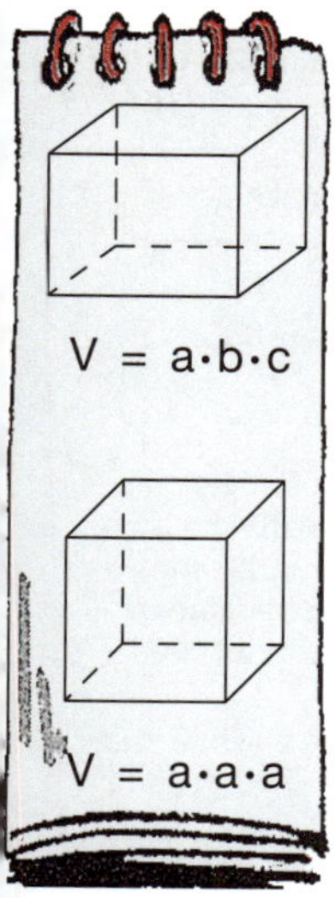

1 Berechne den Rauminhalt der Quader.

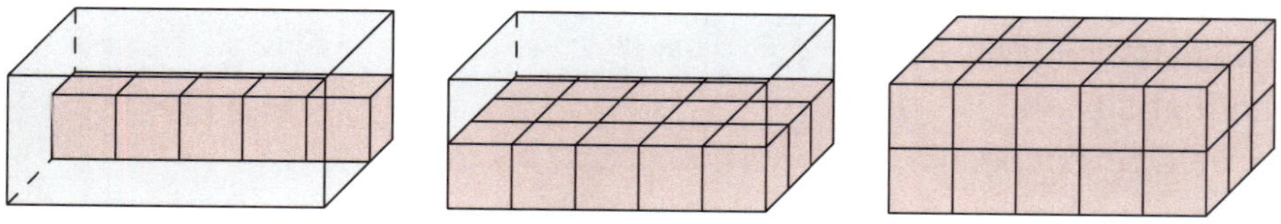

Rauminhalt einer Stange · Anzahl der Stangen · Anzahl der Schichten = Rauminhalt des Quaders

_______ · _______ · _______ = _______

a) 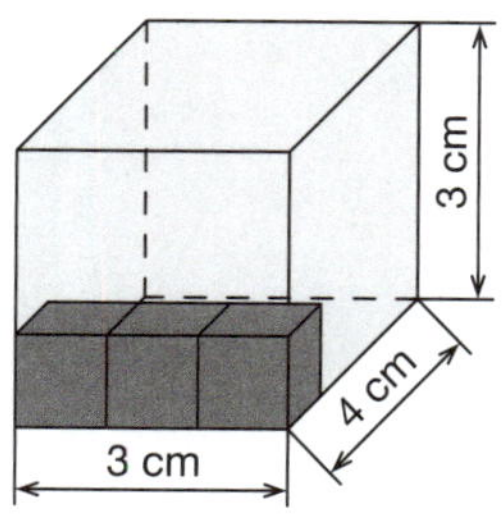

b) 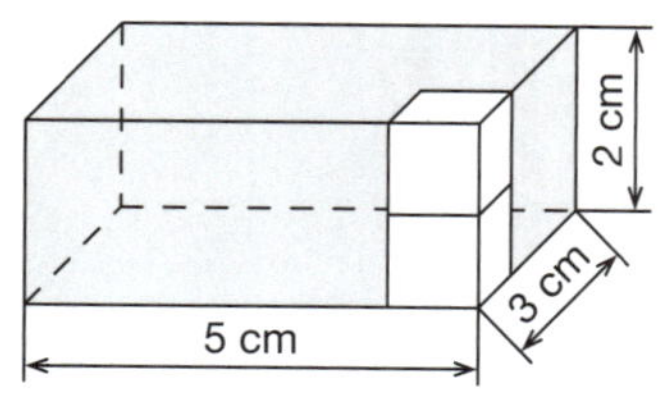

c) 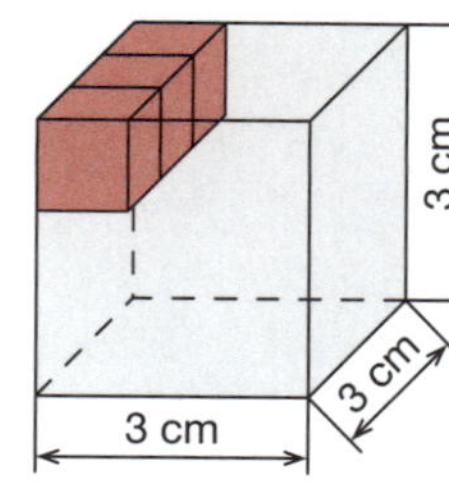

2 Simone legt acht Stangen zu je sechs Zentimeterwürfeln zu einer Schicht. Dann stapelt sie fünf Schichten übereinander. Welchen Rauminhalt hat der entstehende Quader?

3 Bilde aus 60 Zentimeterwürfeln verschiedene Quader. Fülle die Tabelle aus.

Würfel pro Stange	Anzahl der Stangen	Anzahl der Schichten	Länge (in cm)	Breite (in cm)	Höhe (in cm)	Rauminhalt (in cm^3)
6			6			60
	4			4		60
		10			10	60
						60

4 Ein rechteckiges Hallenschwimmbecken ist 25 m lang und 12 m breit. Die Wassertiefe beträgt 2 m. Wie viel m^3 Wasser fasst das Becken? ______________________

5 Ein rechteckiger Parkplatz von 65 m Länge und 48 m Breite erhält einen 4 cm dicken Bitumenbelag. Wie viel m^3 Bitumen sind nötig? ______________________

Oberfläche von Quader und Würfel berechnen

1 Tamara stellt eine Schmuckbox her. Sie beklebt eine quaderförmige Schachtel mit Glanzpapier. Wie viel Glanzpapier benötigt sie? Berechne dazu die Oberfläche.

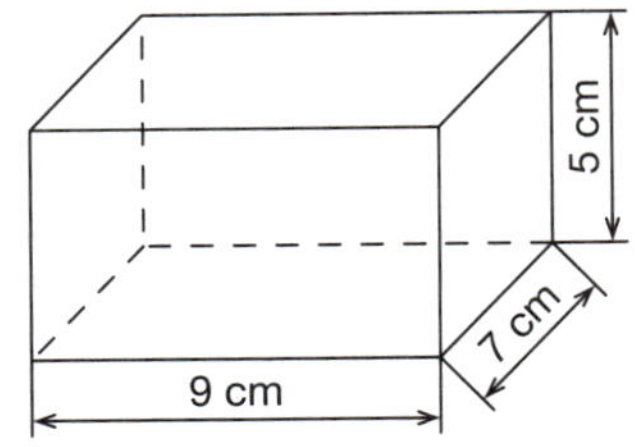

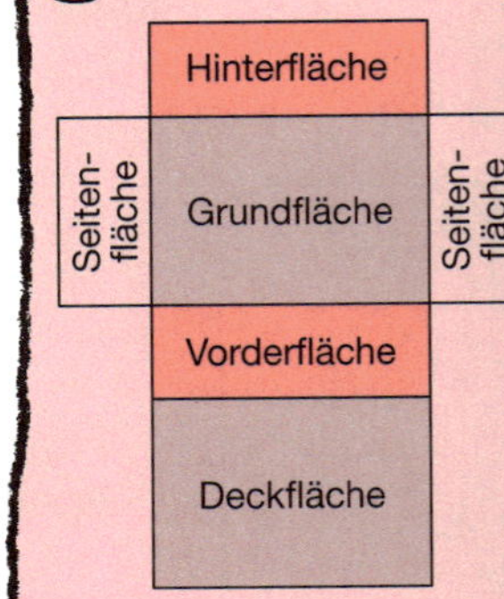

Oberfläche =
2 Grundflächen
+ 2 Vorderflächen
+ 2 Seitenflächen

$O = 2 \cdot a \cdot b + 2 \cdot a \cdot c + 2 \cdot b \cdot c$

2 Eine quaderförmige Waschmittelpackung (20 cm x 12 cm x 16 cm) wird mit Folie beklebt.

a) Wie viel dm^2 Folie sind erforderlich? ____________________

b) Wie groß ist der Rauminhalt der Packung? ____________________

3 Berechne die Oberfläche der Quader.

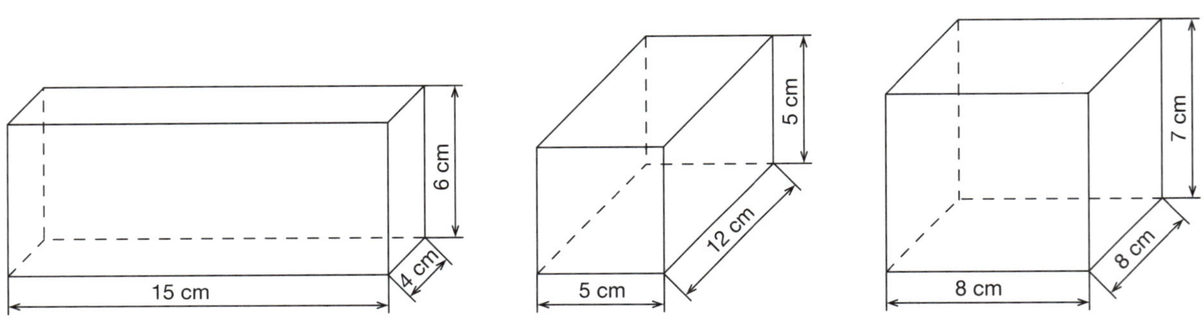

4 Ein Würfel hat eine Kantenlänge von 20 cm.

a) Berechne die Oberfläche O und den Rauminhalt V. O = __________ V = __________

b) Wie verändern sich Oberfläche und Rauminhalt bei einem Würfel mit doppelter Kantenlänge? Berechne und vergleiche. O = __________ V = __________

Sachaufgaben

1 Frau Berger lässt auf ihrer Terrasse einen quaderförmigen Behälter aufstellen, um Blumen zu pflanzen. Die Innenmaße betragen: Länge = 250 cm; Breite = 50 cm; Höhe = 40 cm.

a) Der Trog wird randvoll mit Blumenerde gefüllt. Wie viel *l* Blumenerde sind erforderlich?

V = ________________

b) Für einen Sack Blumenerde mit 100 *l* Inhalt zahlt man 3,25 €. Wie teuer ist die Füllung des Behälters?

1. Anzahl der Säcke: ________________

2. Preis der Säcke: ________________ €

3. Die Blumenerde kostet: ____________ €

2 Svenja hat zum Geburtstag ein Aquarium bekommen.

a) Wie viel Liter fasst das Aquarium?

V = ____________ *l*

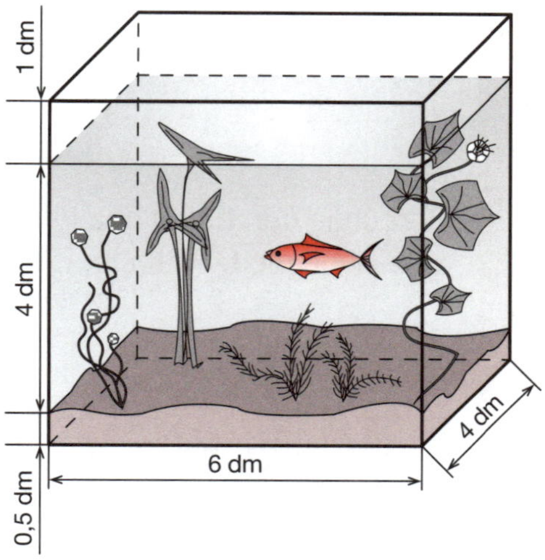

b) Svenja füllt für die Wasserpflanzen eine 5 cm starke Sandschicht ein. Beim Einfüllen des Wassers lässt sie einen 100 mm hohen Rand. Wie viel Sand und wie viel Wasser muss sie einfüllen?

3 a) Ein Holzbalken (8000 mm x 250 mm x 120 mm) wird mit einer Holzschutzfarbe gestrichen. Wie viel m^2 Oberfläche müssen gestrichen werden? ________________ m^2

b) Berechne den Rauminhalt des Balkens in m^3. ________________ m^3

Mach dich fit!

1 Wandle in die nächstgrößere Einheit um.

a) $4000\ dm^3$ = ______

$7600\ mm^3$ = ______

$405\ cm^3$ = ______

$76{,}5\ dm^3$ = ______

b) 90,2 ml = ______

35,4 *l* = ______

6,5 ml = ______

60,5 hl = ______

2 a) Welchen Rauminhalt hat der Körper?

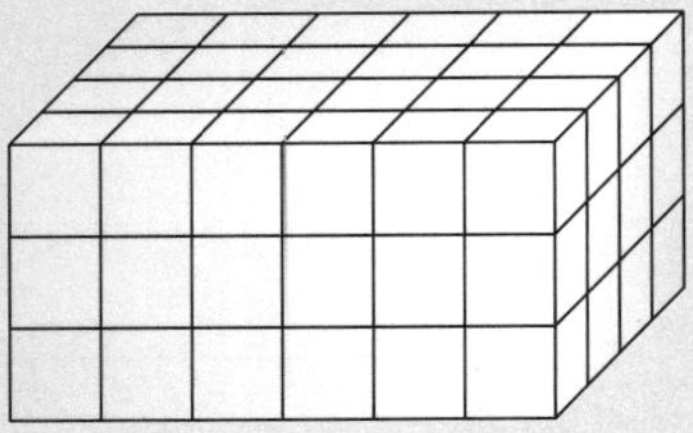

V = ______

b) Gib drei weitere Quader an, die den gleichen Rauminhalt haben.

	(1)	(2)	(3)
Länge			
Breite			
Höhe			

3 Berechne den Rauminhalt und die Oberfläche der Quader.

a) a = 12 cm; b = 10 cm; c = 9 cm

b) a = 2,5 dm; b = 32 cm; c = 24 cm

4 Ein Tankwagen mit Heizöl beliefert drei Kunden. Beim Start zeigt die Tankuhr $18{,}750\ m^3$ an. Zuerst liefert er an einen Kunden 8450 *l*. Der zweite Kunde erhält 6218 *l*. Der letzte Kunde nimmt $3{,}875\ m^3$ ab.

a) Wie viel m^3 zeigt die Tankuhr nach der Belieferung des ersten, zweiten und dritten Kunden jeweils an? 1. ______ 2. ______ 3. ______

b) Wie viel *l* Heizöl wurden insgesamt ausgeliefert? ______

Lösungen

S. 1

1. a) Längste Strecke: 5,3 cm; Gesamtstrecke: 3,77 dm
   b) Kürzeste Strecke: 4 mm; Gesamtstrecke: 2,88 dm

2. a) 6 cm; 46,5 cm; 78 dm; 94,3 dm; 812 dm
   b) 45,3 cm; 8,307 km; 23 600 m; 0,358 km; 704 m
   c) 93 mm; 0,026 m; 742 mm; 8,4 cm; 2,5 dm

3. a) 241,054 km; b) 21,02 m; c) 550,994 m

4 a) 13 500 m = 13,500 km; b) 40,5 km

S. 2

1. Löwe → 230 kg; Elefant → 7,5 t; Fuchs → 6 kg; Strauß → 220 kg; Bär → 1200 kg; Hase → 3500 g; Wal → 85 t

2. a) 7 g; 68 kg; 98 g; 10,670 kg; 15 000 kg
   b) 852 g; 9,007 kg; 37 000 kg; 820 mg; 5,392 t
   c) 120 930 g; 654 g; 48 200 kg; 10 000 mg; 0,025 kg

4. a) 2754 kg
   b) 6210,84 g
   c) 227,392 t

3. a)

	t	kg	g
Sattelschlepper	20,300	20 300	20 300 000
PKW	0,875	875	875 000
E-Lok	84	84 000	84 000 000
Diesellok	80	80 000	80 000 000

b)

	kg	g	mg
Adler	6,500	6500	6 500 000
Hirsch	195	195 000	195 000 000
Elch	480	480 000	480 000 000
Maus	0,080	80	80 000

5. 225 g Bergkäse

S. 3

1. a) 12.20 Uhr;
   b) 13.08 Uhr; 1 h 7 min

2. a) 180 min, 420 min, 10 min
   b) 120 h, 168 h, 240 h
   c) 5 min 50 s, 2 Tg 12 h, 8 h 20 min

3. a) 6 h 51 min
   b) 10 h 53 min
   c) 9 h 15 min
   d) 12 h 10 min
   e) 4 h 22 min
   f) 2 h 42 min

4. Köln – Hannover: Reine Fahrzeit 2 h 36 min
   Hannover – Hamburg: Reine Fahrzeit 1 h 16 min
   Aufenthalt (in Hannover): 19 min
   Gesamte Fahrzeit: 4 h 11 min

5.

Abfahrt	6.24 Uhr	22.15 Uhr	7.50 Uhr	14.37 Uhr	10.49 Uhr	18.38 Uhr
Ankunft	13.11 Uhr	3.08 Uhr	11.35 Uhr	17.26 Uhr	16.27 Uhr	02.05 Uhr
Fahrtdauer	6 h 47 min	4 h 53 min	3 h 45 min	2 h 49 min	5 h 38 min	7 h 27 min

6. a) 11.20 Uhr; b) 3 h

S. 4

1. a) (1) 260 km (2) 220 km (3) 384 km (4) 229 km (5) 290 km
   b) (1) 3 h (3,25 h) (2) 3 h (2,75 h) (bei 220 km!) (3) 5 h (4,8 h) (4) 3 h (2,8625 h) (5) 4 h (3,625 h)

2. a) 256 kg
   b) 58 Träger

3. a) 36 Träger
   b) 45 kg

S. 5

1. Wandle in die angegebene Einheit um.
   a) 645,040 t; 2,070 kg; 701 g; 62 050 kg
   b) 6 h; 8 min; 420 min; 300 s
   c) 46,03 m; 750 mm; 19 400 m; 75 mm

2. a) 3,633 t
   b) 14,941 km
   c) 3 h 48 min

3. a) 17,214 t
   b) 3,7076 t
   c) 3,3947 t

4. a) 35 km b) 2555 km

5. a) 866 400 km b) 26 858 400 km

S. 6

1.

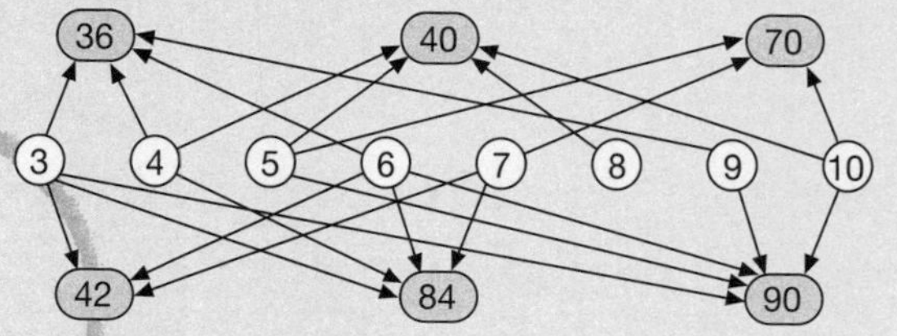

2. a) Alle Teiler von 20: 1, 2, 4, 5, 10, 20
   b) Alle Teiler von 63: 1, 3, 7, 9, 21, 63
   c) Alle Teiler von 36: 1, 2, 3, 4, 6, 9, 12, 18, 36
   d) Alle Teiler von 100: 1, 2, 4, 5, 10, 20, 25, 50, 100
   e) Alle Teiler von 225: 1, 3, 5, 9, 15, 25, 45, 75, 225

3. a) von 6: 30 42 72 90 102
   b) von 7: 28 63 21 49 77 98
   c) von 12: 24 48 60 96 132 180 240
   d) von 30: 60 120 180 240 360

Lösungen

S. 7

1. a) Unterstreichen: 70, 90, 135, 345, 650, 1230, 5550, 5555, 6060, 70705
   b) Unterstreichen: 90, 630, 720, 1200, 8400, 12 340, 78 870, 88 770, 88 880

2. (1450) (1540) (4150) (4510) (5140) (5410) 1045, 1405, 4015, 4105

3. a) grün unterstrichen: 16, 32, 42, 68, 98, 102, 122, 132, 234, 240, 244, 282, 300, 306, 378, 442, 504, 574, 634, 540, 952
   b) rot unterstrichen: 16, 32, 68, 132, 240, 244, 300, 504, 540, 952
   c) Wenn eine Zahl durch 4 teilbar ist, so ist sie auch durch 2 teilbar.

4. a) 987**1**2, 987**3**2, 987**5**2, 987**7**2, 987**9**2
   b) 3456**1**, 3456**2**, 3456**3**, 3456**5**, 3456**6**, 3456**7**, 3456**9**
   c) 60, 420, 740, 780, 820, 860, 900, 940 werden unterstrichen.

S. 8

1. a) 8073; QS = 18 736; QS = 16 4788; QS = 27 b) 8073 und 4788 sind durch 9 teilbar

2. Unterstrichene Zahlen: 84, 96, 144, 189, 198, 276, 297, 456, 504, 912, 1098, 1806, 2880, 4023

3. Angekreuzt werden: Julian, Jana und Beide.

4. 53**8**2 458**1** 4**3**290 **4**7412 3**1**1670 136**6**2 506**0**7 oder 506**9**7

5. 520**2** 521**1** 522**0** 522**9** 523**8** 52**02** 52**20** 52**11** 52**29** 52**38** 52**83**

6. 195 Schafe

S. 9

1.

gemeinsame Teiler: 1, 2, 4, 8; größter gemeinsamer Teiler: 8

2. a) gemeinsame Teiler: 1, 2, 4, 5, 10, 20 b) ggT = 20

3. Bestimme alle Teiler, die gemeinsamen Teiler und den größten gemeinsamen Teiler.
   a) Teiler von 30: 1, 2, 3, 5, 6, 10, 15, 30
      Teiler von 54: 1, 2, 3, 6, 9, 18, 27, 54
      gemeinsame Teiler: 1, 2, 3, 6 ggT = 6
   b) Teiler von 240: 1, 2, 3, 4, 5, 6, 8, 10, 12, 15, 16, 20, 24, 30, 40, 48, 60, 80, 120 ,240
      Teiler von 180: 1, 2, 3, 4, 5, 6, 9, 10, 12, 15, 18, 20, 30, 36, 45, 60, 90, 180
      gemeinsame Teiler: 1, 2, 3, 4, 5, 6, 10, 12, 15, 20, 30, 60 ggT = 60

4. 20, 40, 60, 80, 100, 120, 140, ... 24, 48, 72, 96, 120, 144, ... kgV = 120

5. a) um 9.00 Uhr b) jeweils zur vollen Stunde.

S. 10

1. a) 6 verbinden mit: 54, 420, 144, 90, 84
   b) 4 verbinden mit: 116, 112, 144, 480, 136, 380, 84
   c) 9 verbinden mit: 153, 180, 108, 405, 270, 342, 621

2. a) Teiler von 40: 1, 2, 4, 5, 8, 10, 20, 40
   b) Teiler von 60: 1, 2, 3, 4, 5, 6, 10, 12, 15, 20, 30, 60
   c) Teiler von 84: 1, 2, 3, 4, 6, 7, 12, 14, 21, 28, 42, 84

3. rote Kreuze bei: 1, 2, 3, 4, 6, 8, 12, 16, 24, 48
   grüne Punkte bei: 1, 2, 3, 4, 5, 6, 10, 12, 15, 20, 30, 60
   gemeinsame Teiler: 1, 2, 3, 4, 6, 12 ggT = 12

4. a) 11, 22, 33, 44, 55, 66, 77, 88
   b) 15, 30, 45, 60, 75, 90, 105, 120
   c) 25, 50, 75, 100, 125, 150, 175, 200

5. a) 50 b) 48 c) 140 d) 75 e) 90

6 rot: 108, 144, 153, 162, 135, 450, 360, 630, 315, 324, 126, 720, 81, 270
  grün: 56, 136, 108, 144, 68, 360, 160, 240, 324, 308, 96, 300, 168, 84, 76, 720, 260
  blau: 115, 70, 135, 450, 360, 630, 160, 240, 315, 300, 720, 145, 260, 270

Lösungen

S. 11

1. a) $\frac{1}{3}$; b) $\frac{5}{12}$; c) $\frac{2}{9}$; d) $\frac{1}{6}$; e) $\frac{1}{2}$

2. a) $\frac{3}{4}$; b) $\frac{4}{12}$; c) $\frac{2}{6}$; d) $\frac{1}{3}$; e) $\frac{1}{6}$; f) $\frac{2}{9}$; g) $\frac{3}{8}$; h) $\frac{4}{8}$

3. a) $\frac{4}{5}$; b) $\frac{1}{4}$; c) $\frac{5}{12}$; d) $\frac{2}{3}$; e) $\frac{7}{10}$; f) $\frac{3}{4}$

S. 12

1.

	rot	grau	weiß
a)	$\frac{1}{8}$	$\frac{2}{8}$	$\frac{5}{8}$
b)	$\frac{1}{12}$	$\frac{6}{12}$	$\frac{5}{12}$
c)	$\frac{1}{7}$	$\frac{2}{7}$	$\frac{4}{7}$
d)	$\frac{3}{8}$	$\frac{2}{8}$	$\frac{3}{8}$

2.

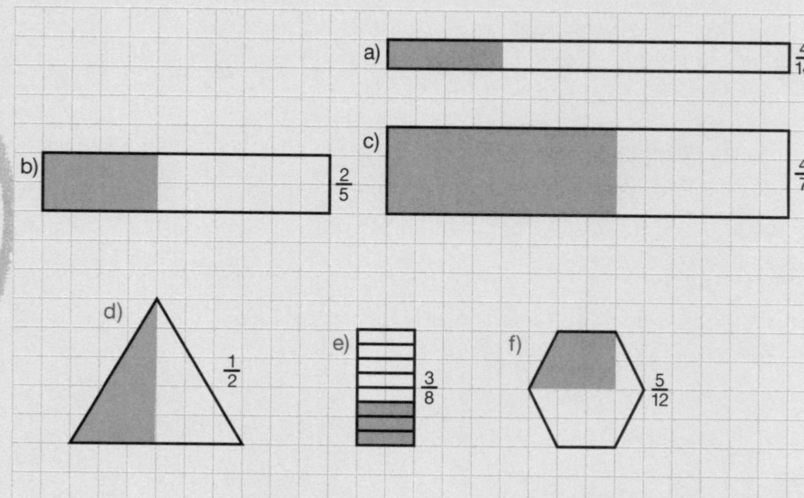

3.

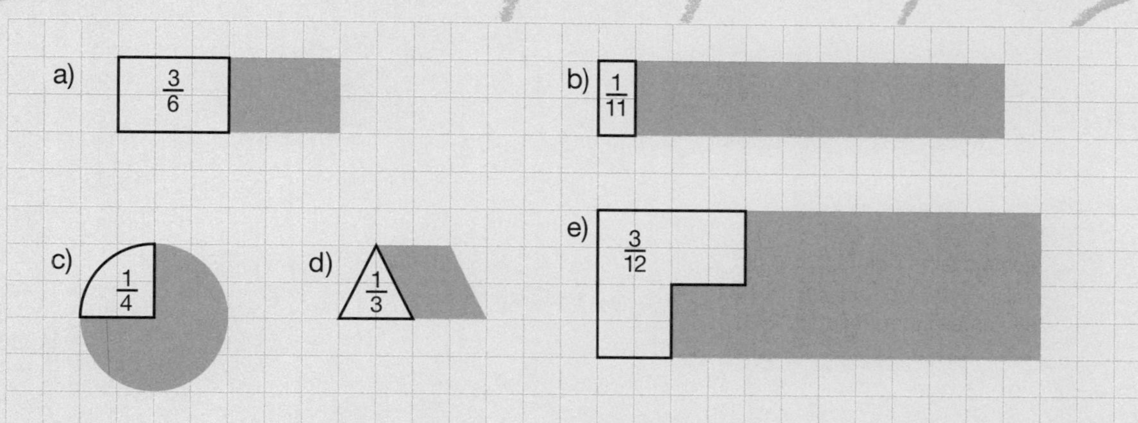

S. 13

1. a) $\frac{5}{9}$; b) $\frac{2}{9}$; c) $\frac{4}{9}$; d) $\frac{5}{9}$; e) $\frac{5}{9}$; f) $\frac{1}{9}$

2. a) $\frac{3}{5}$; b) $\frac{15}{90}$; c) $\frac{10}{25}$; d) $\frac{80}{240}$

3. a) $\frac{5}{8}$

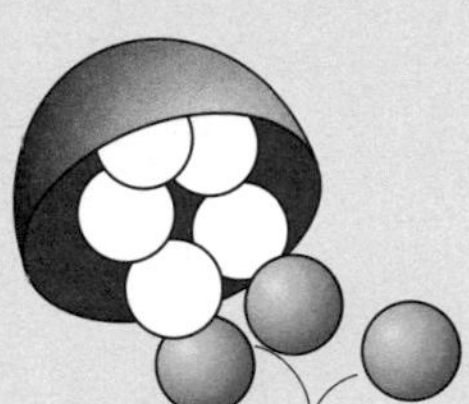

b) $\frac{1}{2}$

c) $\frac{1}{3}$

d) $\frac{1}{4}$

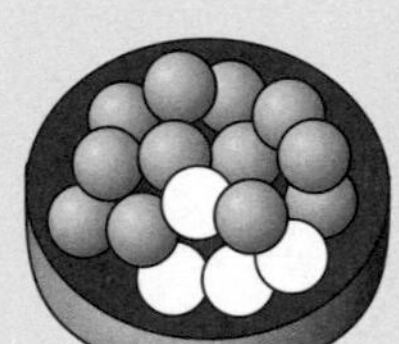

e) $\frac{5}{9}$

4. a)

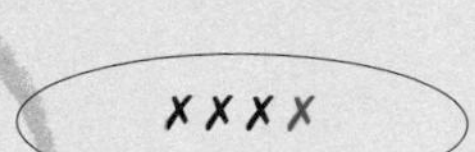

b)

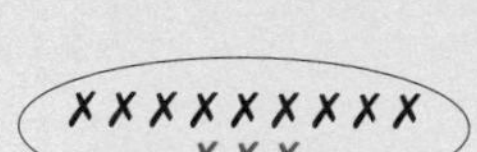

c)

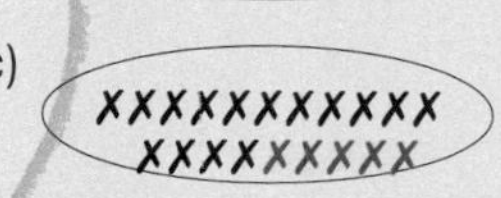

d)

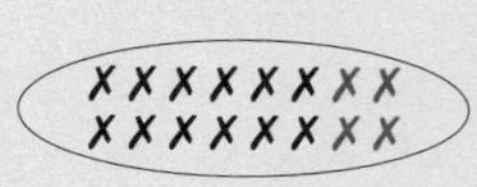

e)

S. 14

1. a) 27 t; b) 15 g; c) 12 €; d) 45 €; e) 1500 l

2. a) 4 kg; 9 kg; 12 kg b) 4 cm; 9 cm; 12 cm c) 5 min; 12 min; 5 min

3. Goldhamster: 9 Fotos; Sabrina: 4 Fotos; Wandertag: 9 Fotos; verwackelt: 2 Fotos

4. Giraffe: 25; Fisch: 150; Spinne: 2; Adler: 100; Regenwurm: 10

S. 15

1. a) erweitert mit 4 auf $\frac{4}{8}$
b) gekürzt mit 2 auf $\frac{2}{5}$
c) erweitert mit 6 auf $\frac{12}{30}$

2. a) $\frac{6}{21}$; $\frac{9}{24}$; $\frac{21}{27}$; $\frac{30}{33}$; $\frac{18}{39}$
b) $\frac{10}{45}$; $\frac{5}{30}$; $\frac{20}{35}$; $\frac{45}{50}$; $\frac{55}{75}$

3. a) 6; b) 30; c) 28; d) 15; e) 132

4. a) $\frac{2}{5}$; $\frac{4}{20}$; $\frac{1}{6}$; $\frac{10}{12}$; $\frac{9}{18}$
b) $\frac{3}{4}$; $\frac{2}{5}$; $\frac{7}{8}$; $\frac{1}{11}$; $\frac{5}{12}$

5. a) gekürzt mit 3 auf $\frac{6}{10}$; gekürzt mit 2 auf $\frac{9}{15}$;
b) gekürzt mit 5 auf $\frac{6}{9}$; gekürzt mit 3 auf $\frac{10}{15}$; gekürzt mit 15 auf $\frac{2}{3}$
c) gekürzt mit 4 auf $\frac{4}{22}$; gekürzt mit 8 auf $\frac{2}{11}$; gekürzt mit 2 auf $\frac{8}{44}$

S. 16

1. a) 6 b) 48 c) 4 d) 21 e) 49 f) 1 g) 15 h) 4

2. a) $\frac{525}{840}$; $\frac{105}{168}$; $\frac{35}{56}$
b) $\frac{1260}{2100}$; $\frac{180}{300}$; $\frac{18}{30}$

3. a) $\frac{3}{4}$ b) $\frac{1}{6}$ c) $\frac{4}{7}$

4. a) $\frac{3}{10}$ b) $\frac{3}{35}$ c) $\frac{1}{9}$

5. a) $\frac{4}{6} < \frac{7}{10}$ b) $\frac{3}{8} < \frac{2}{3}$ c) $\frac{3}{4} > \frac{2}{9}$ d) $\frac{7}{8} < \frac{11}{12}$ e) $\frac{3}{10} > \frac{4}{15}$

6. $\frac{1}{18} < \frac{2}{13} < \frac{3}{6} < \frac{2}{3} < \frac{6}{8} < \frac{7}{6}$

7.

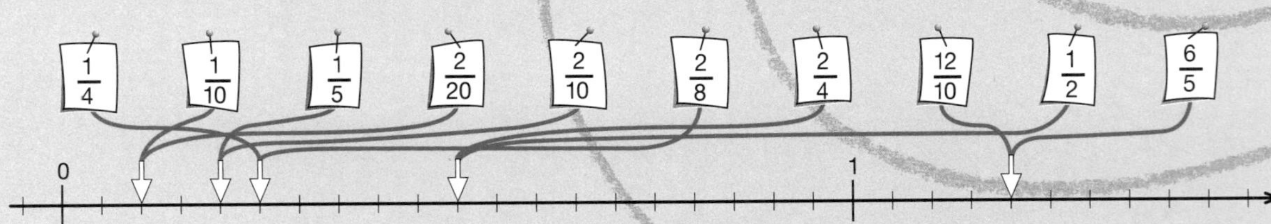

S. 17

1. a) $3\frac{3}{6} = \frac{21}{6}$
b) $1\frac{4}{9} = \frac{13}{9}$
c) $2\frac{1}{12} = \frac{25}{12}$

2. a) $3\frac{2}{5}$

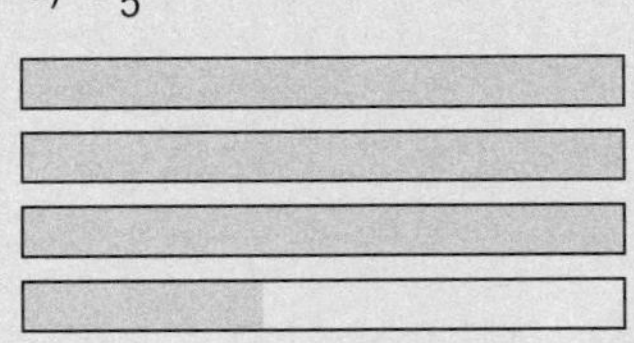

b) $2\frac{1}{4}$

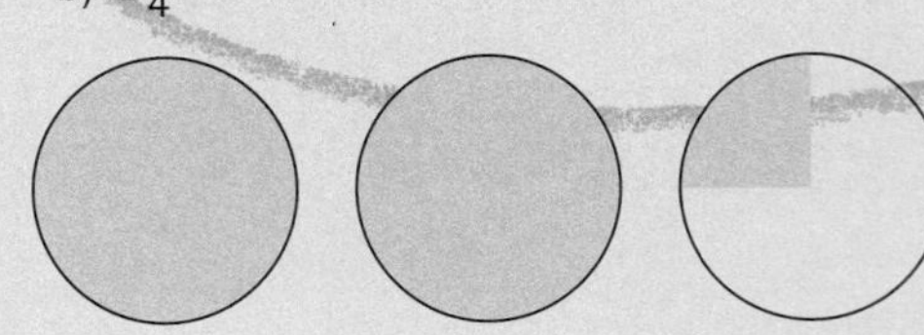

c) $1\frac{7}{8}$

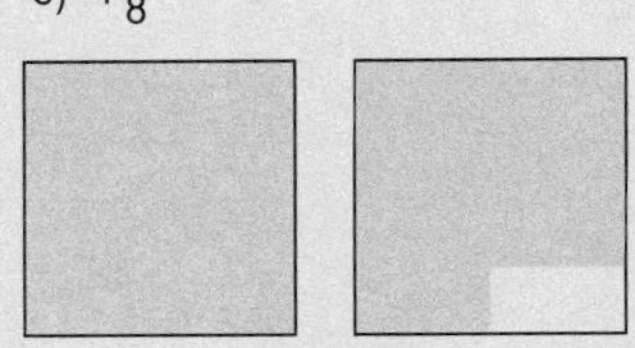

d) $4\frac{1}{2}$

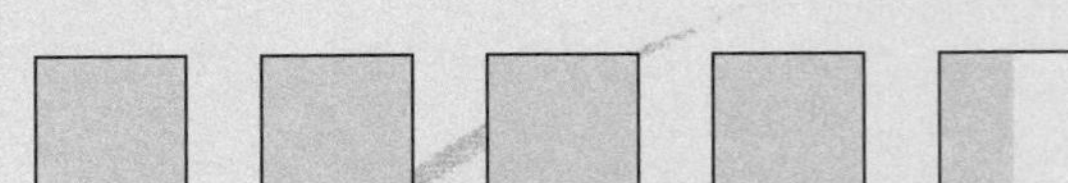

3. a) $\frac{32}{7}$ b) $\frac{50}{9}$ c) $\frac{47}{17}$ d) $\frac{67}{21}$

4. a) $1\frac{5}{8}$ b) $3\frac{7}{9}$ c) $5\frac{3}{10}$ d) $1\frac{8}{15}$ e) $5\frac{5}{12}$

5. a) 20 b) 16 c) 44 d) 63 e) 140

Lösungen

S. 18

1.

a) $\frac{13}{15}$

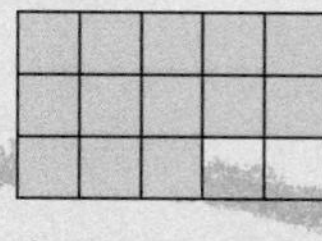

b) $\frac{8}{16}$

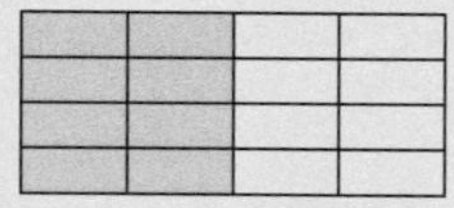

c) $\frac{6}{8}$

d) $\frac{4}{6}$

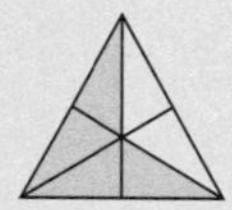

e) $\frac{9}{10}$

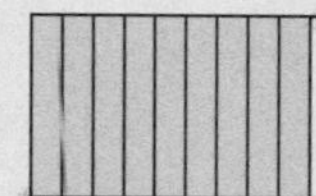

2. a) $1\frac{1}{5}$ b) $1\frac{1}{3}$ c) $1\frac{1}{8}$ d) $6\frac{1}{6}$ e) $4\frac{1}{2}$ f) $6\frac{10}{19}$

3. a) $\frac{6}{8} - \frac{3}{8} = \frac{3}{8}$ b) $\frac{2}{3} - \frac{1}{3} = \frac{1}{3}$ c) $\frac{12}{16} - \frac{4}{16} = \frac{8}{16}$ d) $\frac{12}{16} - \frac{2}{16} = \frac{10}{16}$ e) $\frac{6}{8} - \frac{3}{8} = \frac{3}{8}$

4. a) $\frac{3}{7}$ b) $\frac{3}{13}$ c) $\frac{4}{11}$

S. 19

1. a) $\frac{3}{6} + \frac{2}{6} = \frac{5}{6}$ b) $\frac{4}{8} + \frac{1}{8} = \frac{5}{8}$ c) $\frac{4}{16} + \frac{1}{16} = \frac{5}{16}$

2. a) $\frac{16}{21}$ b) $\frac{8}{9}$ c) $1\frac{3}{10}$ d) $\frac{9}{20}$ e) $\frac{7}{12}$ f) $\frac{19}{24}$

3. a) $\frac{7}{10}$; $\frac{17}{36}$; $\frac{28}{33}$ b) $5\frac{5}{8}$; $19\frac{5}{12}$; $12\frac{23}{30}$
c) $\frac{1}{16}$; $\frac{11}{25}$; $\frac{13}{36}$ d) $2\frac{1}{24}$; $2\frac{16}{35}$; $1\frac{43}{63}$

4. $\frac{9}{10}$; $\frac{2}{5}$; $\frac{27}{30}$

5. $6\frac{1}{20}$ t

6. $5\frac{11}{12}$ t

S. 20

1.

a) $3 \cdot \frac{1}{8} = \frac{3}{8}$

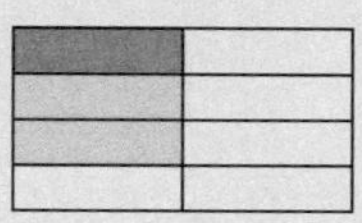

b) $3 \cdot \frac{1}{4} = \frac{3}{4}$

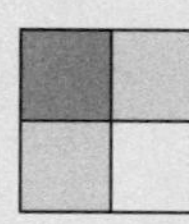

c) $3 \cdot \frac{2}{15} = \frac{6}{15}$

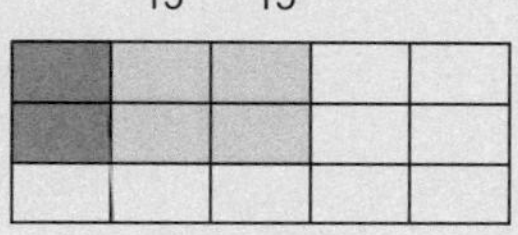

d) $3 \cdot \frac{3}{10} = \frac{9}{10}$

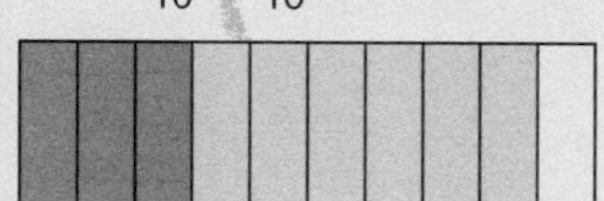

e) $3 \cdot \frac{1}{3} = \frac{3}{3} = 1$

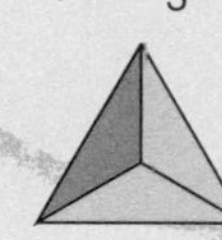

2. a) $4\frac{2}{7}$ b) $3\frac{1}{9}$ c) $3\frac{11}{23}$ d) $3\frac{3}{7}$ e) $2\frac{7}{13}$ f) $1\frac{3}{17}$

3. a) $3\frac{3}{4}$; $3\frac{3}{5}$; $1\frac{1}{2}$
b) $5\frac{5}{7}$; $3\frac{1}{3}$; 6
c) $1\frac{1}{5}$; $28\frac{1}{2}$; $8\frac{8}{9}$

4. a) $3\frac{1}{4}$ kg d) $11\frac{2}{3}$ cm
b) $2\frac{2}{5}$ *l* e) $5\frac{3}{5}$ t
c) $66\frac{2}{3}$ m f) 120 km

5. 37,5 h

S. 21

1. a) $\frac{3}{14}$ b) $\frac{2}{11}$ c) $\frac{2}{17}$ d) $\frac{4}{49}$

2. a) $\frac{2}{3} : 3 = \frac{6}{9} : 3 = \frac{2}{9}$
b) $\frac{4}{7} : 3 = \frac{12}{21} : 3 = \frac{4}{21}$
c) $\frac{2}{5} : 4 = \frac{4}{10} : 4 = \frac{1}{10}$

3. a) $\frac{5}{16}$ b) $\frac{7}{130}$ c) $\frac{1}{8}$ d) $\frac{1}{15}$

4. a) $\frac{1}{3}$ b) $1\frac{1}{5}$ c) $2\frac{11}{40}$ d) $\frac{7}{45}$ e) $\frac{2}{15}$

5.

für 2 Personen	$\frac{1}{4}$ kg Mehl	$\frac{3}{8}$ *l* Milch	$\frac{1}{8}$ *l* Sahne	$\frac{3}{16}$ *l* Wasser
für 1 Person	$\frac{1}{8}$ kg Mehl	$\frac{3}{16}$ *l* Milch	$\frac{1}{16}$ *l* Sahne	$\frac{3}{32}$ *l* Wasser

6. 45 min

Lösungen

S. 22

1. rot: $\frac{7}{24}$; grau: $\frac{9}{24}$; weiß: $\frac{8}{24}$

2. a) $\frac{8}{15}$ b) $\frac{1}{4}$

3. a) 6 m b) 10 l

4. Gazelle: 27 m; Katze: 12 m; Maus: 2 m; Mensch: 9 m

5. a) $\frac{12}{16} = \frac{6}{8} = \frac{3}{4}$ b) $\frac{6}{8} = \frac{3}{4}$ c) $\frac{9}{18} = \frac{3}{6} = \frac{1}{2}$

6. a) 8 b) 5 c) 9

7. a) $\frac{2}{5}$ b) $\frac{1}{2}$ c) $\frac{5}{12}$

S. 23

8. $\frac{3}{36} < \frac{5}{12} < \frac{2}{3} < \frac{3}{4} < \frac{7}{9}$

9. a) $\frac{2}{3}$ b) $3\frac{7}{12}$ c) $\frac{1}{15}$ d) $\frac{13}{36}$ e) $3\frac{19}{30}$ f) $3\frac{11}{12}$

10.

$\frac{1}{15}$	$\frac{7}{30}$	$\frac{1}{5}$
$\frac{3}{10}$	$\frac{1}{6}$	$\frac{1}{30}$
$\frac{2}{15}$	$\frac{1}{10}$	$\frac{4}{15}$

$\frac{2}{5}$	$1\frac{2}{5}$	$1\frac{1}{5}$
$1\frac{4}{5}$	1	$\frac{1}{5}$
$\frac{4}{5}$	$\frac{3}{5}$	$1\frac{3}{5}$

Summe: 3

11. $\frac{1}{4}$ m

12. a) $1\frac{3}{5}$ b) $2\frac{2}{3}$ c) 2

13. a) $2\frac{1}{10}$ l b) 18 kg

14. 20 Punkte

15. a) $\frac{2}{7}$ b) $\frac{1}{18}$ c) $\frac{1}{2}$

16. $\frac{1}{8}$ kg

S. 24

NUN HABE ICH GENUG GELERNT.

S. 25

1. –

2. a) – b) – c) d = 5 cm; d = 4 cm

3. d = 54 mm; r = 18 cm; d = 8,6 m; r = 6,3 m, d = 206 cm

S. 26

1. a) 9

b) c) d)

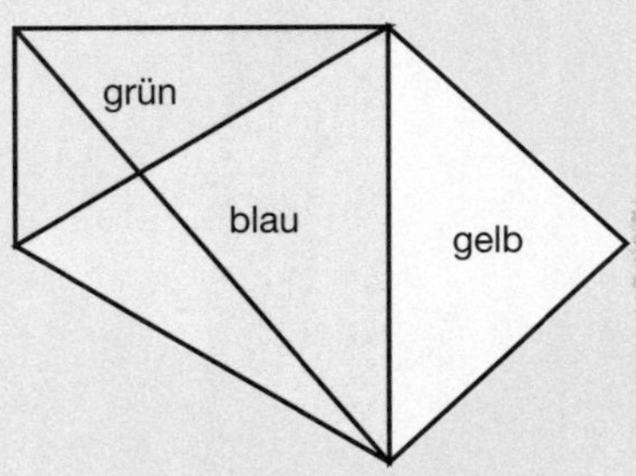

2. a) rechtwinklig b) gleichseitig c) gleichschenklig d) gleichschenklig e) rechtwinklig, gleichschenklig

3. ☒ Ein gleichseitiges Dreieck ist auch gleichschenklig.

4. a) 5

b) 10

Lösungen

S. 27

1. a) Rechteck

b) gleichschenkliges Trapez

c) Quadrat

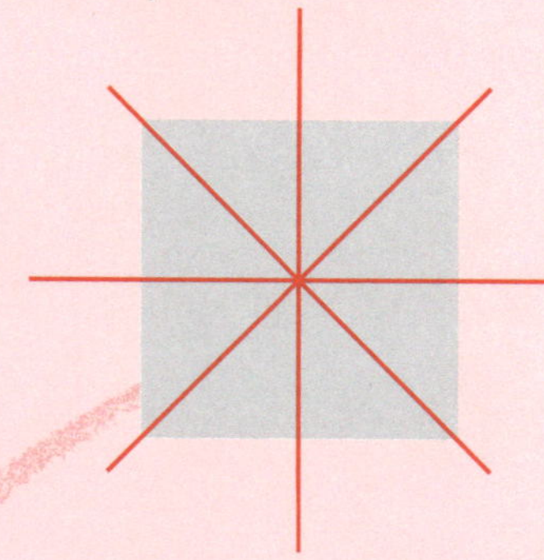

d) Paralellolgramm

e) Drachen

f) gleichschenkliges Trapez

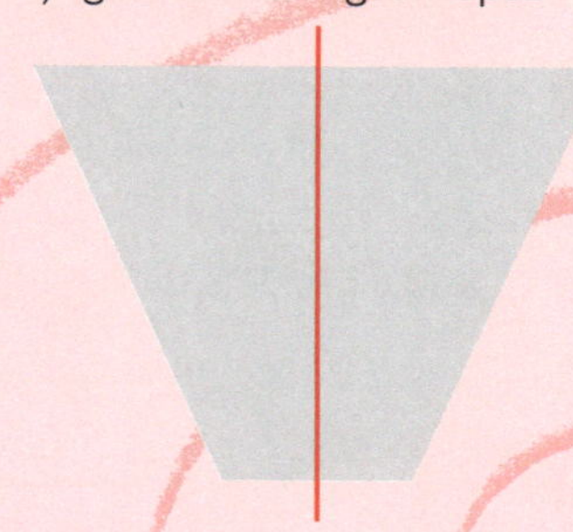

2. a) Quadrat b) Drachen c) Parallelogramm

3. Quadrat, Rechteck, Trapez

S. 28

1. **2** 90° **1** 21 ° **5** 317° **6** 360° **4** 180° **3** 109° **2** 90° **1** 27°

2. Spitze Winkel: 70°; 15°, 85°; stumpfe Winkel: 110°, 170°, 142°, 175°, 91°; überstumpfe Winkel: 250°, 340°, 346°

S. 29

1.

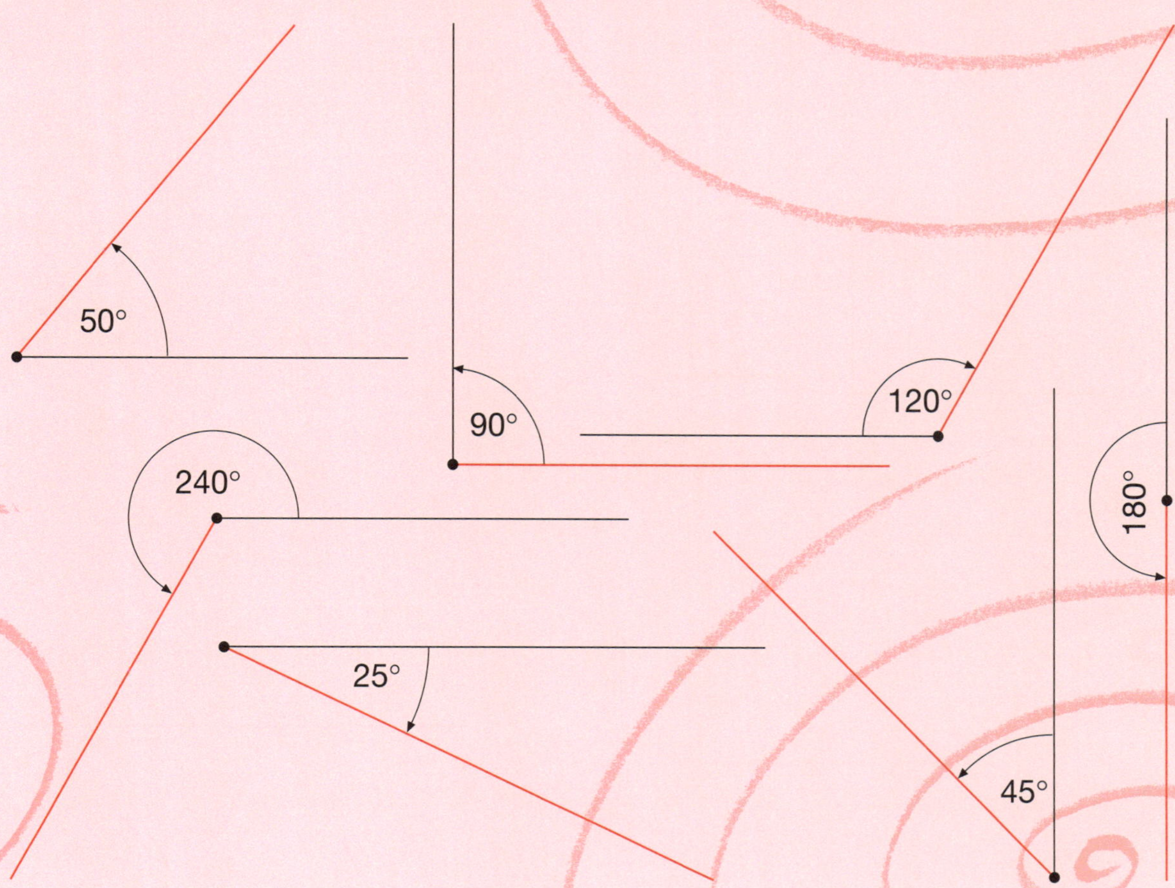

2.

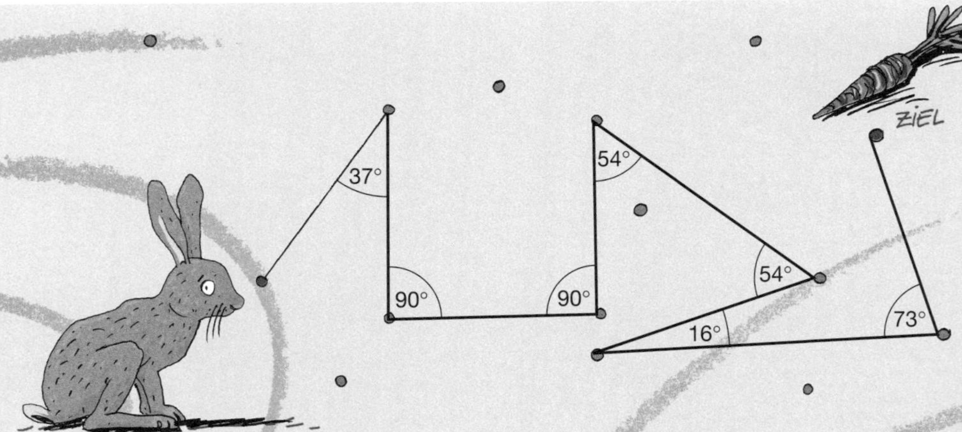

S. 30

1. a) r = 2 cm d = 4 cm
   b) r = 3 cm r = 2,5 cm

2. (1) rechtwinkliges Dreieck (2) gleichschenkliges Trapez
   (3) Quadrat (4) Drachen
   (5) Rechteck (6) gleichseitiges Dreieck
   (7) Parallelogramm (8) gleichschenkliges Dreieck

3. α = 233° überstumpfer Winkel; β = 90° rechter Winkel; γ = 19° spitzer Winkel; δ = 108° stumpfer Winkel

S. 31

1. a) A = 15 cm^2; u = 16 cm
   b) A = 16 cm^2; u = 16 cm
   c) A = 24 cm^2; u = 20 cm

2. a) A = 15 cm^2; u = 16 cm
   b) A = 9 cm^2; u = 12 cm
   c) A = 8 cm^2; u = 12 cm

3. a) 54 cm^2 d) 5 cm^2
   b) 7 e) 225 cm^2
   c) 120 cm^2 f) 3 cm^2
   g) 5

4. (1) a = 20 cm; b = 30 cm; A = 600 cm^2 (2) a = 23 cm; b = 27 cm; A = 621 cm^2
   (3) a = 25 cm; b = 25 cm; A = 625 cm^2

S. 32

1. a) a = 4m; b = 3m; b) A = 12 m^2 2. a) u = 36 cm; A = 80 cm^2 b) u = 44 cm; A = 72 cm^2 c) u = 48 cm; A = 144 cm^2

3. a) A = 50 m^2
   b) A = 54 m^2
   c) A = 44 m^2
   Klasse 6b hat den größten Flächeninhalt.

4. a) Haus: Länge: 14 m; Breite: 12 m; Flächeninhalt: 168 m^2
   Garage: Länge: 7 m; Breite: 4 m; Flächeninhalt: 28 m^2
   Terrasse: Länge: 8 m; Breite: 4 m; Flächeninhalt: 32 m^2
   Grundstück: Länge: 30 m; Breite: 24 m; Flächeninhalt: 720 m^2
   b) 228 m^2 ; 492 m^2 c) 108 m

S. 33

1. a) 23 m^2 7 dm^2 = 23,07 m^2 = 2307 dm^2
   b) 3 dm^2 45 cm^2 = 345 cm^2 = 3,45 dm^2
   c) 74 035 cm^2 = 740,35 dm^2 = 7,4035 m^2
   d) 62 097 mm^2 = 620,97 cm^2 =6,2097 dm^2
   e) 109 dm^2 = 1,09 m^2 =10 900 cm^2
   f) 938 m^2 = 93 800 dm^2 = 9 380 000 cm^2

2. a) 600 cm^2 = 6 dm^2
   60 cm^2 = 0,6 dm^2
   4 cm^2 = 0,04 dm^2
   4,75 m^2 = 475 dm^2
   0,09 m^2 = 9 dm^2
   b) 4,32 m^2 = 43 200 cm^2
   7200 mm^2 = 72 cm^2
   0,083 m^2 = 830 cm^2
   6,47 dm^2 = 647 cm^2
   8 m^2 = 80 000 cm^2

3. a) 7215 mm^2 = 72,15 cm^2
   8,672 cm^2 = 0,08672 dm^2
   9,006 dm^2 = 0,09006 m^2
   740,8 mm^2 = 7,408 cm^2
   b) 77 000 cm^2 = 7 700 000 mm^2
   0,095 dm^2 = 9,5 cm^2
   12 045 m^2 = 1 204 500 dm^2
   0,098 cm^2 = 9,8 mm^2

4. a) 17,20 dm^2 b) 3,84 m^2 c) 66,185 cm^2
   63270,7 cm^2 31,008 m^2 966,53 m^2
   5,35 dm^2 19,25 cm^2 1,5355 dm^2

5 a) 3,3 m^2 = 330 dm^2 b) 1,254 m^2 = 125,4 dm^2 c) 4,5 m^2 = 450 dm^2

S. 34

1. a) 600 m^2 = 6 a
   850 km^2 = 85 000 ha
   75 000 ha = 750 km^2
   b) 7200 a = 72 ha
   56 050 a = 560,50 ha
   9700 m^2 = 97 a

2. a) 775 ha = 7,75 km^2
   11 ha = 0,11 km^2
   81 200 a = 812 ha
   17,4 a = 0,174 ha
   b) 7,423 km^2 = 742,3 ha
   95 a = 9500 m^2
   0,098 ha = 9,8 a
   0,03 a = 3 m^2

3. a) 230 000 a = 2300 ha = 23 km^2 b) 4500 ha = 450 000 a = 45 000 000 m^2 c) 705 ha = 70 500 a = 7 050 000 m^2

4. a) 8 km² 40 ha 79 a = 840,79 ha = 84 079 a
   b) 37 km² 7 ha 42 a= 37,0742 km² = 3707,42 ha
   c) 7 ha 3 a 1 m² = 7,0301 ha = 70301 m²

5. a) Fußballfeld: 0,88 ha = 88 a
   b) Völkerballfeld: 0,0648 ha = 6,48 a
   c) Volleyballfeld: 0,0162 ha = 1,62 a

6. a) 1000 m²
   b) 10 Buchen

S. 35

1. a) (1) 5 cm; 3 cm; (2) 8 cm; 2 cm
   b) (1) u = 16 cm; A = 15 cm²
   (2) u = 20 cm; A = 16 cm²

2. a) 23,15 m²; 708 cm²; 953 mm²
   b) 90,15 ha; 80 007 m²; 2,75 a

3. a) 70 668 cm²
   b) 7409 dm²
   c) 4050 ha

4. 0,45 m²

5. a) 16 m² b) 1029,60 c) 1324,60

S. 36

1.

	H	Z	E	z	h	t	
	100	10	1	$\frac{1}{10}$	$\frac{1}{100}$	$\frac{1}{1000}$	
a)			6	7	6		= 6,76
b)	2	0	4	2	7	7	= 204,277
c)		1	2	0	8	5	= 12,085
d)			0	9	6	4	= 0,964
e)			1	4	0	8	= 1,408
f)			0	0	3	1	= 0,031

2. a) $\frac{2}{10} + \frac{3}{100}$
   b) $\frac{1}{10} + \frac{2}{100}$
   c) $\frac{7}{10}$
   d) $\frac{2}{100}$
   e) $\frac{7}{1000}$
   f) $\frac{6}{10} + \frac{4}{1000}$

3. a) 8,09
   b) 34,05
   c) 4,002
   d) 109,024
   e) 23,34
   f) 0,64

4. a) $3\frac{27}{100}$ b) $34\frac{69}{100}$ c) $7\frac{3}{100}$ d) $80\frac{3}{100}$ e) $1\frac{5}{10}$ f) $16\frac{371}{1000}$ g) $35\frac{126}{1000}$ h) $\frac{45}{100}$ i) $\frac{79}{100}$

5. a) b)

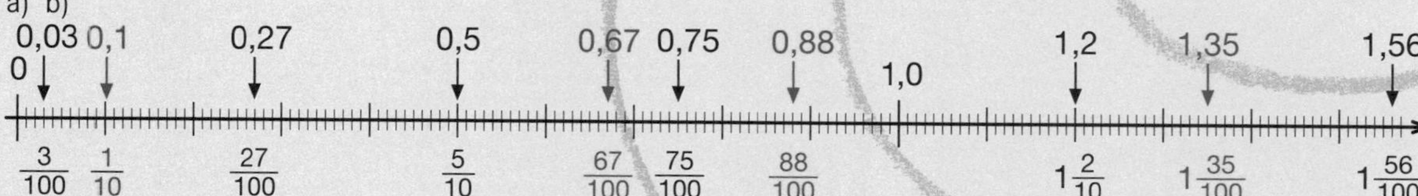

S. 37

1. a) 2,803 [>] 2,308
   4,126 [<] 4,621
   0,012 [>] 0,003
   b) 4,61 [<] 4,67
   8,100 [<] 8,20
   0,041 [>] 0,04

2. a) 1,030 < 1,308 < 1,338 < 1,380
   b) 0,1731 < 0,1774 < 0,7132 < 0,7213
   c) 0,0516 < 0,0561 < 0,0651 < 0,6051

3. 0,350 kg → 0,53; 0,785 kg → 1,18; 1,3 kg → 1,95; 0,9 kg → 1,35; 1,450 kg → 2,18

4. a) b)

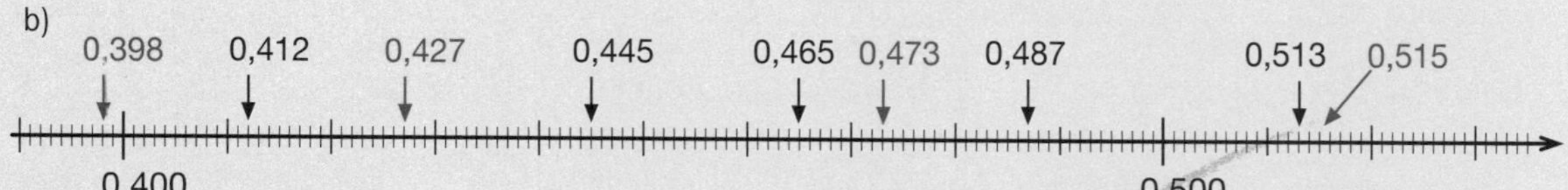

5. a) 12,6 b) 6,17 c) 0,5
   d) 6,08 e) 0,10001 f) 40,0299

6. a) 4,3200; 5,9000; 5,0003
   b) 7,301; 113,400; 0,800

S. 38

1. a) 8,2; 19,7; 0,5; 1,3;
   b) 6,8; 0,1; 2,0; 4,7

2.

	14,4681	21,98624	0,925803	1,70915
auf Einer	14	22	1	2
auf Zehntel	14,5	22,0	0,9	1,7
auf Hunderstel	14,47	21,99	0,93	1,71
auf Tausendstel	14,468	21,986	0,926	1,709

3. 0,8705 ≈ 0,87; 0889 ≈ 0,89; 1,78356 ≈ 1,78
1,8805 ≈ 1,88; 0,785 ≈ 0,79

4. a) 6/17 b) 9/11 c) 1/2

5. a) 121 kg / 4 kg b) 40 kg / 6 kg c) 1 kg / 1 kg

6.

Baden-Württemberg	10,48
Bayern	12,16
Bremen	0,66
Sachsen	4,46
Nordrhein-Westfalen	18,00
Hessen	6,05
Niedersachsen	7,90

S. 39

1. a) 14,7 b) 73,50 c) 16,142 d) 106,73

2. a) 4,2 b) 20,83 c) 71,261 d) 100,481

3. a) 54,1 b) 3,75 c) 32,738 d) 21,851 e) 25,61 f) 64,44

4. a) 51,52 b) 6,38 c) 153,641 d) 41,83 e) 315,121 f) 858,4

5. a) 6,4 b) 11,4 c) 10,2 d) 84,8 e) 9,58 f) 28,01

6. a) 10,6 + 46,3, 0,85 + 56,05; 54,45 + 2,45; 36,9 + 20
b) 28,1 - 6,8; 45,8 - 24,5; 121,2 - 99,9; 78,46 - 57,16

7. a) 400 g b) 2 g c) 800 kg

S. 40

1. 24,52 m

2. 14,3 m

3. a) 97,5 kg b) ja, (2,5 kg übrig)

4. Größenunterschied: 13 cm; Gewichtsunterschied: 7,6 kg

5. 63,8 kg

S. 41

1. a) 7,8; 4,8; 32,8 b) 0,6; 1,5; 4,8; c) 6; 16,1; 16

2. a) 41,64 b) 1410,75 c) 1382,1 d) 848,4 e) 1090,04 f) 395,89

3. a) 284,65; 733,6; 215,4 b) 223,695; 965,6; 2940,2
c) 44970,42; 1443,2; 1101,6; d) 0,288; 68,255; 6,318

4. a) 782,276 b) 673,68

5.

	3,69	12,052	0,003	1,7632
a) mit 10	36,9	120,52	0,03	17,632
b) mit 100	369	1205,2	0,3	176,32
c) mit 1000	3690	12052	3	1763,2

6. a) 14 780 b) 98 040

S. 42

1. a) 123,402 b) 169,1789 c) 133,293 d) 420,512 e) 3,81582

2. a) 133,056; 7,872; 67,8 b) 46,053; 2,01432; 26,4642 c) 99,552; 14,69468; 412,90228 d) 0,2651; 2,9056; 0,4662

3. a) 0,15; 0,08; b) 1,69; 0,6; c) 0,63; 0,52

4. a) 187,7877 b) 2851,9 c) 4,29745 d) 55,913

5. a) 3974,36; 397,436; 39,7436
b) 2,806; 2,806; 0,2806
c) 12162,432; 1216,2432; 121624,32
d) 5474,280; 547,4280; 547,4280

6. a) 4,400 · 0,3300 [>] 0,44 · 0,33
b) 5,05 · 0,3 [=] 0,505 · 3
c) 3,1 · 3,1 [>] 3,01 · 3,01
d) 0,400 · 0,200 [<] 4,00 · 0,2

S. 43

1. a) 2,14 b) 3,2 c) 2,13 d) 3,45 e) 6,24

2. a) 15,6; 5,6; 3,2; 8,3
b) 4,51; 8,63; 6,321; 2,058
c) 0,32: 0,55; 0,58; 0,66
d) 2,55; 18,92; 3,325; 4,2125

3. a) 8,1; 5,1, 8,4 b) 9,09; 5,03; 5,01 c) 7,03; 1,01; 3,06

4. a) 3,9; 0,39; 0,039 b) 5,4; 54; 0,54 c) 5,2; 0,52; 0,052

5.

	238,91	12,52	70	1753,2
a) durch 10	23,891	1,252	7	175,32
b) durch 100	2,3891	0,1252	0,7	17,532
c) durch 1000	0,23891	0,01252	0,07	1,7532

6. a) 1,75 b) 1,60

S. 44

1. 8,7 km

2. a) 126 cm b) ja (3,6 cm frei)

3.

	3,8 m	4,5 m	1,45 m
Futter	18,24	21,6	6,96
Frottee	35,72	42,3	13,63
Satin	61,56	72,9	23,49

4. 4 kg - Packung (1,95 pro kg)

5.

1 Aktie	2,55	0,86	22,50	56,80	123,60
100 Aktien	255	86	2250	5680	12 360

S. 45

1.

	H	Z	E	z	h	t	
	100	10	1	$\frac{1}{10}$	$\frac{1}{100}$	$\frac{1}{1000}$	
a) $8 + \frac{4}{10} + \frac{3}{100}$			8	4	3		= 8,43
b) $13 + \frac{7}{10} + \frac{4}{1000}$		1	3	7	0	4	= 13,704
c) $4 + \frac{6}{10} + \frac{8}{100}$			4	6	8		= 4,68
d) $\frac{3}{10} + \frac{7}{1000}$				3	0	7	= 0,307
e) $\frac{5}{10} + \frac{8}{100}$				5	8		= 0,58
f) $100 + \frac{6}{10} + \frac{4}{100}$	1	0	0	6	4		= 100,64

2. a) 4,060 < 4,560 < 4,605 < 4,665
   b) 0,2803 < 0,2883 < 0,8002 < 0,8203

3.

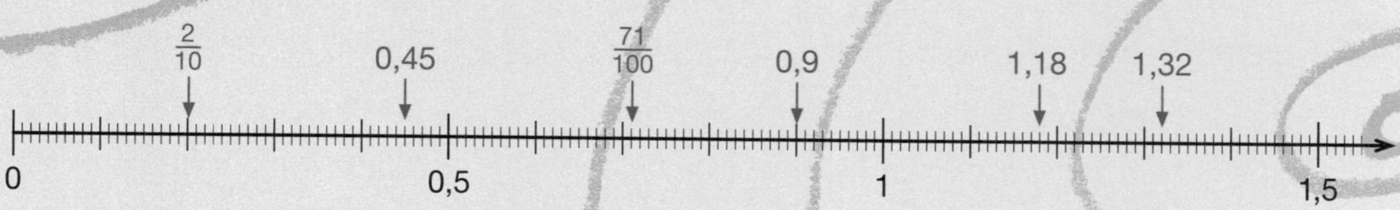

4. a) 4,5; 1,3 b) 14,15; 7,01

5. a) 178,658 b) 958,83

6. 1,07 €

S. 46

7. a) 31,4
   b) 4730
   c) 3,4
   d) 1004

8. a) 102,83
   b) 12,684
   c) 3,222

9. a) 58,144
   b) 547,57404
   c) 0,0057
   d) 25,1001

10. a) 3,68
    b) 4,61
    c) 0,48
    d) 5,44

11.

Zehnerbogen	5,60 €	0,50 €
Eine Marke	0,56 €	0,05 €

Hunderterbogen	5,1 €	153 €
Eine Marke	0,051 €	1,53 €

12. a) 291,50 €
    b) 5,70 €

S. 47

1. a) (1) und (4); 48 Würfel; (2) und (5); 40 Würfel; (3) und (6); 36 Würfel

2. a) (1) 45 (2) 12 (3) 36
   b) (1) 245 cm^3 (2) 36 cm^3 (3) 60 cm^3

3. a) 6 cm x 4 cm x 2 cm
   b) 4 cm x 2 cm x 6 cm
   c) 8 cm x 2 cm x 3 cm

S. 48

1. a) 8000 cm^3 = 8 dm^3 b) 15 400 cm^3 = 15,400 dm^3 c) 80,3 dm^3 = 80 300 cm^3 d) 6500 mm^3 = 6,5 cm^3
   e) 60,85 dm^3 = 0,060 85 m^3 f) 2,90 m^3 = 2900 dm^3

2. a) 6,305 cm^3; 0,08043 dm^3; 0,00506 m^3; 0,00005 cm^3
   b) 46 dm^3; 0,000 052 m^3; 27,309 cm^3 0,000026 dm^3

3. a) 175 m^3 320 dm^3 70 cm^3 321 mm^3 210 dm^3 328 cm^3
   b) 205 m^3 26 dm^3 702 dm^3 5 cm^3 602 m^3 5 dm^3

4. a) 43 000 dm^3 82 dm^3
   b) 0,0007 m^3 0,036 cm^3
   c) 9,017 dm^3 38,025 cm^3
   d) 10,500 m^3 92,007 dm^3

5. a) 2,028 *l* 64,10 hl
   b) 6250 *l* 9,065 m^3
   c) 62,5 *l* 3050 ml
   d) 0,352 hl 0,500 *l*

6. 625 *l*

S. 49

1. a) 36 cm³ b) 30 cm³ c) 27 cm³

2. 240 cm³

3.

Würfel pro Stange	Anzahl der Stangen	Anzahl der Schichten	Länge (in cm)	Breite (in cm)	Höhe (in cm)	Rauminhalt (in cm^3)
6	5	2	6	5	2	60
5	4	3	5	4	3	60
3	2	10	3	2	10	60
3	4	5	3	4	5	60

4. 600 m^3

5. 124,8 m^3

S. 50

1. Sie benötigt je zweimal 9 cm x 7 cm, 9 cm x 5 cm und 7 cm x 5 cm. O = 286 cm^2

2. a) 15,04 dm^2 b) 3,840 dm^3

3. a) 348 cm^2 b) 290 cm^2 c) 352 cm^2

4. a) O = 2400 cm^2; V = 8000 cm^3; b) O = 9600 cm^2; V = 64 000 cm^3

S. 51

1. a) V = 500 000 cm^3 = 500 *l* b) 5 Säcke; 16,25

2. a) 132 *l* b) Sand: 12 dm^3; Wasser: 96 *l*

3. a) 5,98 m^2 b) 0,240 m^3

S. 52

1. a) 4 m^3; 7,6 cm^3; 0,405 dm^3; 0,0765 m^3 b) 0,0902 *l*; 0,354 hl; 0,0065 *l*; 6,05 m^3

2. a) 72 cm^3 b) 6 cm x 6 cm x 2 cm; 8 cm x 3 cm x 3 cm; 12 cm x 2 cm x 3 cm

3. a) V = 1080 cm^3; O = 636 cm^2 b) V = 19,2 dm^3; O = 43,36 dm^2

4. a) 1. 10,3 m^3 2. 4,082 m^3 3. 0,207 m^3
   b) 18543 *l*